口絵 1　スラウェシ島固有種のベイオビスマネシアゲハ *Papilio*(*Chilasa*) *veiovis*
毒蝶であるマダラチョウの仲間に擬態しており，翅の模様が似ているだけでなく，ゆ
ったりと飛行する行動まで似せている．　→ 図 1.3

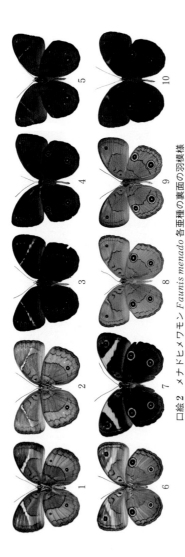

口絵 2 メナドヒメワモン *Faunis menado* 各亜種の裏面の翅模様

1. *F. m. menado* (♀). 2. *F. m. zenica* (♀). 3. *F. m. klados* (♂). 4.*F. m. toxopeusi* (♂). 5. *F. m. syllus* (♂). 6.*F. m. chitone* (♀). 7.*F. m. fruhstorferi* (♂). 8. *F. m. pleonasma* (♂). 9. *F. m. intermedius* (♂). 10. *F. m. sulana* (♂). → 図 1.4

口絵3　オオヨモギハムシ *Chrysolina angusticollis*

夏から秋にかけて年に1回発生し，体の表面は光沢がある．　→図1.7

口絵 4　メナドヒメアモン（スラウェシ島中部亜種 *klados*）のホロタイプ標本

右にあるラベルは標本と一緒に一箱に保管されているもので、採集者の情報などが含まれる。上から 2 番目の丸いラベルにはホロタイプの証である "Type" の文字がある。最下部のラベルからは、1912 年 12 月 12 日採集の個体であることがわかる。ロンドン自然史博物館にて筆者が撮影。©Trustees Natural History Museum の許可を得て使用。→Box 1 図

# 新たな種は
# どのようにできるのか？

## 生物多様性の起源をもとめて

山口　諒 [著]

コーディネーター　巖佐　庸

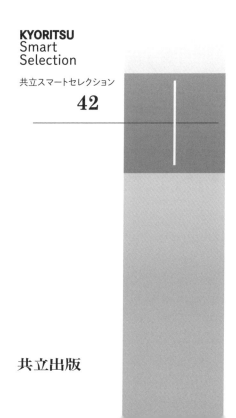

**KYORITSU**
Smart
Selection

共立スマートセレクション

**42**

共立出版

## はじめに─種の多様性と出会う─

　日々の通勤や通学，散歩の中で，みなさんは何種類の生き物を見つけることができるだろうか．何も意識せずに外出すれば，そもそも生き物を数えることはしないかもしれない．では，意識して外出したとすればどうだろう．街路樹や道路脇にひっそりと（でも，たくましく）生きる雑草や，ひらひらと舞うチョウなど，数種類の生き物に気づくことができる．さらに詳しい人に聞いたり，図鑑を検索したりすると，実は身近な生き物だけでも何十種，何百種という数が潜んでいることが明らかになるだろう．

　私は子どもの頃，両親とキャンプや博物館に出かけて生き物や化石に触れることが多く，気がつけば理科や生物学に興味をもっていた．しかし，興味をもっていても特別に詳しいわけではなく，あくまで生き物好きの少年にすぎなかった．小学校低学年の時，一生懸命に恐竜の名前を暗記していた記憶はある．ただ，昆虫採集をして虫あみの中にいるのが「クワガタ」や「チョウ」であることはわかっても，認識はそれ以上でも以下でもなかったように思う．中高校生になると生き物と触れ合う機会はなくなり，生物学が好きというざっくりとした感覚だけが残った．もしかすると，暗記科目として高校生物が得意だっただけなのかもしれない．高校生までを過ごした北海道の大自然の美しさと複雑さに魅力を感じて幼少期の過ごし方を悔やんだのは，もっと先のことである．

　生物学専攻志望で進学した大学は，地元の北海道から南西へおよそ 1,500 km 離れた九州にあった．まだ雪解けの残る北海道から，

ヤシの木が生えた大学キャンパスへ身を移すだけでもワクワクした
のを覚えている．衝撃的だったのは，これまで見たことのない生き
物がたくさんいたことだった．北海道には生息しないカマキリやナ
ナフシの仲間を初めて見て大喜びし，これまた初体験のゴキブリの
速さに恐怖した．そしてある時，道路脇に列を作って歩くアリを見
ながら，北海道よりも九州のアリのほうが体のサイズが大きいと感
じ，隣にいた友人に素朴な疑問として投げかけたことがある．「そ
れって別の種なんじゃない？」それが友人の返事だった．そうか，
一見真っ黒なアリにもいろいろな種類がいて，それぞれが日本各地
に分布しているのだ，となんだか当たり前のことを聞いてしまった
気がして恥ずかしくなった．そして，すぐに次の疑問が思い浮かん
だ．そもそも新しい種は，どのようにして誕生するのだろう．

　本書はそんな単純な疑問から出発し，生物多様性の源である新種
の誕生プロセス "種分化" に焦点を当てる．チャールズ・ダーウィ
ンが1859年に出版した書籍のタイトル『種の起源』にもある通り，
種分化の問題の歴史は長く，160年以上経過したいまもなお，進化
生物学の中心的な話題であり続けている．それは同時に，多くの未
解決問題が残されていることを意味する．ダーウィンは，生物進化
の様子を，枝分かれしながら伸びていく1本の樹になぞらえて，生
命の樹 "Tree of Life" と呼んだ．共通祖先である幹から進化した
多数の枝葉が生物種に対応するが，各生物種に至る道のりすべてを
個別に網羅することは不可能であり，本書でもこれは目指さない．
むしろ多くの種分化に共通するようなエッセンスを抽出し，読者の
みなさんに理解してもらうことで，生物多様性が生み出される魅力
的な現象とその奥深さをお伝えしたい．

　種分化は生物の進化に関するテーマであり，一般に長い時間ス
ケールを扱うため，その謎を解き明かすにはさまざまなアプローチ

が必要である．野外のフィールドに出かけて実際に対象の生物を観察する生態学はもちろんのこと，そのゲノム情報を解析する遺伝学，さらには古生物学や地質学といった地球の歴史を遡る学問など，多くの分野の知識を合わせることがとても役立つ．私の専門分野である「数理生物学」も，種分化研究に貢献する学問分野の1つである．数理生物学はその名の通り「数学」と「生物学」が融合した分野であり，複雑な生命現象を理論（モデル）として説明することを目的とする．複雑なことを言葉で表現すると，時に曖昧になってしまうことがあるのに対し，数学的な理論は正確であり，生物の美しさや多様性を生み出すメカニズムの理解にこの上なく有効である．数学を利用することで実現できる厳密な論理や，誰もが信じて疑わないシンプルな仮定から再現される複雑な自然界のパターンに，私たちは魅了される．

　この本では，難しい数式はできるだけ避けながら，さまざまな生物を対象とした種分化理論の話をしたいと思う．第1章では，自然界に見られる具体的な種多様性を概観しながら，同種なのか別種なのか一見判別がつきにくい生き物たちを，私の実体験も交えながら紹介する．それらの例を踏まえ，第2章では種概念を導入することで，種分化というプロセスの全体像をあぶりだす．その後，数理モデルを用いて，海洋島などの孤立した島の上で起きる種分化（第3章），野外や室内実験での急速な環境適応による種分化（第4章），そして種分化後に交雑が起きる場合（第5章）について取り上げる．続いて第6章では，種分化が何度も繰り返されることで特定の分類群が顕著に多様化する種分化サイクルと呼ばれるコンセプトに着目し，第3〜5章で扱った理論を活かした理解を試みる．また，第7章では，新種が誕生するまでにどれだけの時間を要するか，系統樹の基本的な考え方から具体例までを扱うとともに，種分化研究

のこれからについて紹介する．本書の内容は，全体を通じて高校生物程度の知識を前提としているが，やや専門的な内容や簡単な数式を交えた解説は Box や脚注としてまとめているので，興味に応じて参照してもらいたい．

　地球上に見られるすべての生き物は，必ず種分化を経て現在に至っている．絶滅してしまった生き物も考えれば，これまでに途方もない数の新種が誕生してきたといえる．複雑で，でもその中に秩序があるという進化のプロセスが，種分化の謎に迫る鍵である．本書をきっかけとして，1 人でも多くの方が種分化や生物多様性の成り立ちに興味を抱いてもらえるならば，これ以上嬉しいことはない．

2024 年 2 月　山口　諒

# 目　次

## Box

# ① 

# 種の多様性と分類学

## 1.1 生物多様性

　この地球上には，数え切れないほどの生物が生息している．動植物園で見かける比較的大きな生物から，人間の肉眼では見えない小さな生物まで，およそ200万種類の生き物に名前がつけられている．まだ名前のついていない，いわゆる未記載の生物を合わせると，その数は500〜1,000万種にまで膨れ上がるという試算もある．特に昆虫類はその最たる例で，すでに名前がついている種類だけでも全世界で75万種にのぼるとされ，日本国内だけでも約10万種が生息している．私たちが小学校の理科の授業で習うように，昆虫の大まかな特徴として，体が3節（頭部・胸部・腹部）に分かれ，脚が6本あり，4枚の翅と2本の触覚が備わるという基本構造がある．では，このルールを守りながら，色や形を自由に変えてよいとして，75万もの異なるパターンを作り出せる人はいるだろうか．とてもではないが，そんな膨大なレパートリーが思い浮かぶ自信はな

い．しかし，自然は長い進化の歴史の中で，これをやってのけているのである．

　生物多様性の中には，姿形の似通った個体の集まりが認められる．このような集団は紀元前から自然界の構造として認識されており，スウェーデンの植物学者であったカール・フォン・リンネが設立した分類体系において，「種」と呼ばれる最も基本的な分類学的階級を占めることとなった．現代生物学における種は，分類学の単位として学問上の基礎となると同時に，生物多様性の保全に代表されるような社会的な議論でも大切な構成要素となっている．また，分子生物学や薬剤の開発などのミクロな研究で用いられる細胞やモデル生物でも，その由来となっている生物には名前がついており，分類学が体系的な整備をすることで貢献している．生物多様性をヒトが認識できる形にするためにも，分類学は生命科学分野において最も基礎的で，なおかつ欠くことのできない重要な分野である．現在も世界では毎年約 20,000 種，日本国内に限っても数百種が記載され続けている．

　環境保全が急務な近年，よく聞く言葉として，生物多様性ホットスポットがある．生物多様性ホットスポットは，特定の地域に 1,500 種以上の固有な植物（正確には，維管束植物）が生息し，かつその植生の 75% 以上がすでに失われている場所と定義され，これまでに世界で 36 カ所が選定されている．実際に生物多様性ホットスポットに指定されている地域の原生林に足を踏み入れると，どれだけの生物がこの地に生活しているのだろうと想像をかき立てられる（**図 1.1**）．毎年 1,000～10,000 種にのぼる生物が地球上から姿を消していると推定される現在において，このような地域の保全は重要な課題である．研究者は，多くの生物を絶滅から救う方策を検討し続ける一方，どのようにして生物多様性が生み出されてきたの

図1.1　生物多様性ホットスポットの1つに選定されている東南アジアのウォーレシア地域にあるスラウェシ島南部の原生林
川伝いに進んだ先に，どんな生物がいるのだろうか.

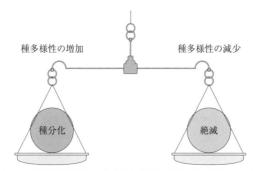

図1.2　生物の種多様性は，種分化と絶滅のバランスで成り立っている

か，という問いについても挑戦しなくてはならない. 生物の種多様性は，新種の誕生である種分化で増加し，絶滅による減少とのバラ

ンスで成り立っている（**図 1.2**）．絶滅は人間が観察できるほど急速なスピードで起きているが，種分化には長い時間がかかってしまうのは想像に難くないだろう．これこそが，一度失った生物多様性を簡単に取り戻すことができない要因であり，一般に直接観察することができない種分化研究の難しさでもある．次節からは，種分化プロセスを考えるきっかけとなる具体的な生物として，昆虫の例を 2 つ紹介しよう．

## 1.2 スラウェシ島のチョウ

　熱帯地域には，生き物好きを惹きつける魅力がある．自然淘汰説の提唱者として有名なチャールズ・ダーウィンやアルフレッド・ラッセル・ウォレスを筆頭に，19 世紀の博物学者は西洋諸国から南米や東南アジアへ船で旅をした．言葉の通じない原住民とコミュニケーションを取りながら標本を収集し，時にはマラリアに侵され，船が海賊に襲われながらも現地で調査を続行する姿は，研究者というよりも冒険家と表現するほうが適切だと思う．東南アジアに行って昔の偉人たちの真似事をしたいと思った大学生の私は，次の文章に影響され，行き先を決めることにした．

> 太陽の昇りきった正午，滝下にある湿気た川べりの水溜りには美しい光景が広がっている．煌びやかな―橙，黄，白，青，緑―数百のチョウが空中に舞い上がり，色とりどりの群れを作っている．
>
> ――Wallace, 1869, p.370

この一節は，ウォレスが 1857 年にインドネシアのスラウェシ島（旧セレベス島）を訪れた際に，チョウを採集するシーンを記したものである．彼は 1856 年にスラウェシ島へ初上陸して以降，この

図1.3　スラウェシ島固有種のベイオビスマネシアゲハ *Papilio*（*Chilasa*）*veiovis*
毒蝶であるマダラチョウの仲間に擬態しており，翅の模様が似ているだけでなく，ゆ
ったりと飛行する行動まで似せている．　→ 口絵1

島をチョウの楽園と称し，計3度も訪れている．どうにか現地の研
究補助としてスラウェシ行きを摑んだ私は，初めての東南アジア訪
問に胸を躍らせていた．

　初めて見る生き物の写真を撮り（**図1.3**），採集してはせっせと標
本にして，現地の博物館に収める前処理をする．このような海外の
フィールドワークで得られた試料は，現地では簡単な整理をするに
とどめ，日本国内に戻ってから写真や標本に基づいて詳細な同定作
業をおこなうことが多い．同定したい生物と図鑑を見比べて種名
を探す「絵合わせ」をおこなうと，ほとんどの個体については問題
なく名前が判明し，先人の努力の結晶に感謝することになる．しか
し，中にはどうしても同定できないサンプルが存在し，分類学的な
再検討や新種の記載としての研究が始まる．ここではメナドヒメワ
モン *Faunis menado* という種に着目し，その多様性と分類学的な

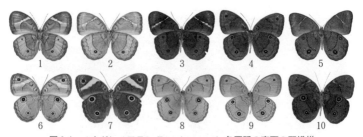

図 1.4　メナドヒメワモン *Faunis menado* 各亜種の裏面の羽模様
1. *F. m. menado* （♀）, 2. *F. m. zenica* （♀）, 3. *F. m. klados* （♂）, 4. *F. m. toxopeusi* （♂）, 5. *F. m. syllus* （♂）, 6. *F. m. chitone* （♀）, 7. *F. m. fruhstorferi* （♂）, 8. *F. m. pleonasma* （♂）, 9. *F. m. intermedius* （♂）, 10. *F. m. sulana* （♂）.　→ 口絵 2

複雑さを実感してもらいたい.

　メナドヒメワモンは，スラウェシ島およびその周辺の島嶼部にのみ分布する固有種であり，平地から低山帯で周年発生を繰り返す普通種として知られる. 成虫はうす暗い林縁または林床付近を這うように飛び回り，目玉模様をもつ中型のチョウである. 特筆すべきは本種が 10 亜種を含んでいることである. ごく限られたスラウェシ島とその周辺地域においてこれだけ多くの亜種が存在している. 亜種とは，種より 1 つ下位の分類区分であり，同一種であるものの，分布の異なる集団の間で形態的な違いなどが認められる場合に名づけられる. 図 1.4 の標本写真と図 1.5 の分布概念図を適宜参照することで，その複雑さを実感できるのではないかと思う.

　標本写真を見ると，確かに翅の模様には白い帯の太さや目玉模様の大きさなどバリエーションがある一方，翅の色が明るいグループ（南部に生息）と暗いグループ（北部に生息）の 2 つに大別できるようにも思える. じつは，1863 年のヒューイットソンによる本種の元記載まで遡ると，本種はスラウェシ本島北部と南部の個体をも

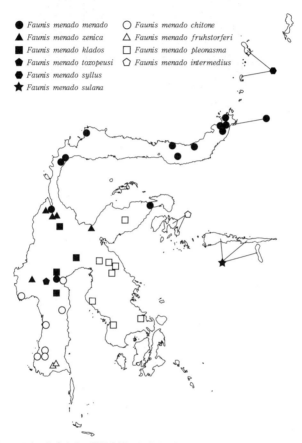

**図 1.5　スラウェシ島とその周辺島嶼におけるメナドヒメワモン *Faunis menado* 各亜種の分布概念図**
筆者らの採集および博物館標本に基づく．ここでは翅の色の明るさによって白と黒に分けて表示しているが，同じシンボルの間に関係性はない．南部の白いシンボルは翅の色が明るく，北部の黒いシンボルは翅の色が暗い集団である．

図 1.6　北部亜種 *F. m. menado*（左）と南部亜種 *F. m. chitone*（右）の終齢幼虫における頭部模様の違い（Yamaguchi *et al.*, 2018 を改変）

とに，2種として記載されている（Hewitson, 1863）．その後，多くの研究者によってさまざまな亜種が記載されるに従って，種の境界が曖昧になってしまい，メナドヒメワモンという1種に統合された経緯をもつ．私たちの分類学的再検討では，翅の模様から交尾器の形状，幼生期の形態（**図 1.6**）も精査することで，本種がやはり2種を含んでいると結論づけた（Yamaguchi *et al.*, 2016, 2018）．さらに，この翅の色が明るいグループは比較的明るい林縁環境に生息しているのに対し，暗いグループは林床に生息していることも判明している．この事実は，翅の色と捕食回避の面で整合性があるとともに，互いの生息域が重なる場合にも，棲み分けできる可能性を示唆している．

　メナドヒメワモンはある1つの分類群の例ではあるものの，種の分類は，生物学においてさまざまな難しさをはらんでいることがおわかりいただけたかと思う．形態や行動がどれだけ異なれば別種なのか，種間で交雑は起きても2種と扱ってよいのか，はたまた互いの生息地は重複しているか，といったように疑問は尽きない．種分化は，もともと1つの種だったものが，このような差異の進化が起きて，別の種になるプロセスのことだ．

## 1.3　北海道のオオヨモギハムシ

　日本国内の生物相はよく整理されていて，海外に行かなければ未知の生物多様性を体感できない，というわけではない．ここでは，前節に引き続き，種分化プロセスを考えるのに適した分類群として，北海道に生息するオオヨモギハムシ *Chrysolina angusticollis* 種群を紹介する．オオヨモギハムシはロシア南東部から北日本にかけて分布するハムシの仲間であり，後翅が退化しているため飛ぶことができず，成虫の大きさは 1cm 程度である（**図 1.7**）．ここで種群と呼んでいるのは，観察される地理的変異が複数種をカバーしているためであり，具体的にはアイヌヨモギハムシ *Ch. aino* とミヤマヨモギハムシ *Ch. porosirensis* が含まれている．日本産オオヨモギハムシ種群の形態的な変異とその地理的バリエーションは，Saitoh *et al.*（2008）によって明らかにされた．

**図 1.7　オオヨモギハムシ** *Chrysolina angusticollis*
夏から秋にかけて年に 1 回発生し，体の表面は光沢がある．　→ 口絵 3

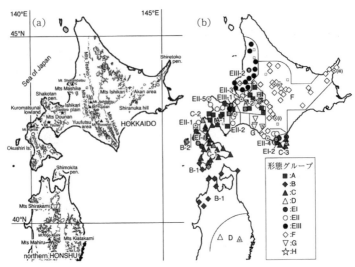

図1.8　オオヨモギハムシ種群の分布する日本北部の地形（左図a）と各形態グループの分布（右図b）

右図bでは、AからHまで異なる10の形態グループが存在し、それぞれ異なるシンボルで表されている。分布図で形態グループを示すアルファベットの横につく数字（C-3など）は、各グループで地理的に離れた集団が複数存在していることを示す。Saitoh *et al.*（2008）および齋藤（2010）を改変。

　オオヨモギハムシは集団によって交尾器の形状や体色がさまざまであり、その差異で区分すると10のグループに分かれ、複雑な分布を示す（**図1.8**）。遺伝的な差異も考慮するとさらに細分化されていき、先ほどのメナドヒメワモンに負けず劣らず非常に複雑な多様化を遂げていることがわかる。さらには、形態的に同じグループの集団が飛地になって点在しており、たとえば地理的に離れている渡島地方、日高地方、後志地方には形態グループCが分布している（図1.8b）。このような形質の多様化に加え、本種群は異なるグループの分布が互いに接する箇所がいくつも存在する。札幌市周辺にお

いても，川を1つ挟むだけで全く体色の異なるグループが存在することもあれば，山頂付近で2つのグループが同居していることもある．分布が重なる場所では時折，形態的に別種とされる個体をそれぞれ両親にもつ雑種個体が観察されることもある．

　種の分類をおこなう際に，別種と思われる集団が実際に交配可能かどうかは，ダーウィンの時代から重要視されている要素の1つである．オオヨモギハムシ種群における交配の流れは比較的単純であり，まずオスがメスに近づき，触覚や前脚を用いて交配相手としてふさわしいか確かめるような行動をとる．その後，オスがメスの背中の上に乗ることで交配がスタートするが，メスが拒否する場合は，オスから逃げるように走り去っていく．Katakura *et al.* (1996) の実験によれば，異なる形態グループ間では高確率で交尾拒否が観察され，交配が成立しないとされる．地理的に離れた同じ形態グループの交配実験をおこなう場合も同様で，同集団内での交配に比べると，交配成功率は大きく低下する．オスとメスの交配相手としての認識がどの段階で起きているか確認するため，体表を薄い樹脂でコーティングしてみると，互いに接触はするものの，樹脂コーティングがない場合に比べて著しく交配成功率が低下する（**図 1.9**）．これは体表の微小な化合物（炭化水素などのフェロモン）を感知できないことで，潜在的な交配相手として認識しづらくなっていると考えられている．

　一方で，低確率ではあるものの異なる集団の個体間で交配が成立してしまった場合は，雑種個体の卵が生まれ，成虫まで問題なく成長することがある．つまり，交配可能かどうかに関する基準については交尾拒否のように不完全ながら障壁が存在することはわかるが，生まれた雑種個体のその後の世代に対する影響については追跡が難しい．さらには自然界で実際にどの程度交雑が起きているのか

12

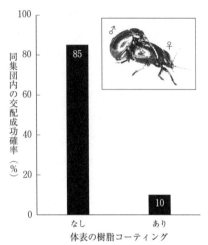

図 1.9　オオヨモギハムシの雌雄ペアの交配成功率比較

体表を樹脂でコーティングすると，しない場合に比べて成功率が著しく低下する.

観察することも困難である.

　さて，オオヨモギハムシ種群のような，交雑が観察される集団同士は互いに別種と分類するのが適切なのだろうか？　これらの集団はこの後さらに分化していくのだろうか？　あるいは，互いによく混ざり合って 1 つの集団になってしまうこともあるのだろうか？　このような問題についても，種分化研究者たちがさまざまなアプローチをとって日々研究をおこなっている.

## 1.4　Species Complex

　日本語では「種群」と訳される本節のタイトルは，「複雑」と訳される英単語 ''complex'' を含んでおり，種多様性における複雑なパターンをよく表しているように思う. 実は種分化の研究者は，特に生物に名前がついていなくても気にしないことが多い. 意外に聞

こえるかもしれないが，まだ名前のついていない集団を見つけては
「集団1」や「種A」というように暫定的な名前を与えて研究を進
めてしまうことがある．これは種分化研究者が，あくまで集団がど
のように・どれだけ分化してきたかというプロセスに興味があるの
であって，その産物に対して名前を与えるのは分類学者であるとい
う，ある種の分業化である．

　これまでスラウェシ島のチョウや北海道のハムシといった，形質
や分布が複雑な多様性を示す種群を紹介してきた．これらの例は複
数の集団を含み，かつさまざまな分化の程度を示すため，種分化の
研究に非常に有用であるとされる．すなわち，種分化途中の集団ペ
アや，新種として誕生して比較的新しい集団が含まれるため，1種
が2種にどのように進化するかを探求する種分化研究にとってうっ
てつけなのである．バリエーションが全くない集団を対象としてし
まっては，何が種分化のきっかけとして進化するか，見当をつける
ことが難しい．そのため，種分化の実証研究は年代的に比較的新し
い分類群（それでも分化を始めてから数十年から数百万年以内程度
まで幅広い）に偏る傾向があることに留意したい．

## 1.5　種の境界はどこに？—分類学は何を見ているか—

　分類学の研究者はまさに各分類群のプロフェッショナルで，その
技術は一見，どこか職人技のように感じることすらある．ずらっと
チョウの並んだ標本箱を見て，何種入っているか当てるクイズをす
ると，生物系の大学院生でもほとんど正解することはない．分類学
の専門家であったとしても，ひとたび自身が専門とする分類群から
離れてしまえば，さっぱり見当がつかないということも多い．そう
いった経験から「分類学は主観的に証拠を集めて，数少ない専門家
が判断するので科学として成立していない」という批判を耳にする

こともあるが，決してそんなことはない（**Box 1**）.

　分類学では，対象とする生物の特徴を可能な限り集め，分類群を区別するための形質として用いる．その中で特に使われるのが目に見える形態情報であり，どの程度違っていれば別種なのか，客観的な情報を提示することが可能である．こうして分類学は，人類にとって未知の生物を分類して，新種であれば新しく名を与えて命を吹き込む．近年では，DNA 配列をはじめとする遺伝情報を活用したバイオインフォマティクスも分類学の助けとなっている．形態には一切の違いが見られないにもかかわらず，DNA 配列からすると別種相当に異なる集団が見つかることがあり，これを隠蔽種と呼ぶ．このように隠れた多様性が明らかになることもあるが，一般的に種レベルの分類は，多くの分類群で分子生物学的な側面からも支持される．もし特定の研究者の独断と偏見で種の分類がおこなわれているのであれば，このような一致は起きないだろう．

　分類学が発展しても，種と種の間に境界線を引くことはしばしば難しい問題となる．次章では，生殖隔離という考えを導入することで，見た目や交尾器といった形態がそっくりであっても別種として区別することを可能にし，種分化のプロセスを詳細に検討することを目指す．2 集団間の交配や遺伝情報の交換を妨げるメカニズムの1 つが形態であり，このほかにも多くの生殖隔離メカニズムが存在する．分類学者の用いる形態がどの生殖隔離に貢献しているかを理解することで，なぜ分類学がうまく種の線引きをおこなえるのか合点がいくはずである．そして，生殖隔離の進化プロセスである種分化を理解するための準備も整うだろう．

## Box 1    分類学と再現性

　なぜ人は，生き物を種に分類するのだろうか．ここではまず，パプアニューギニア東部高地に住む少数民族のフォレ族がおこなう分類の逸話を取り上げたい．フォレ族は種レベルに対応する分類の階層として "ámana aké" という言葉を用いており，現地に生息する鳥類を 110 の ámana aké に区別している．動物学者の調査団による同地の研究では，120 種が生息しており，驚くべきことにそのうちの 93 の種については，フォレ族の ámana aké と動物学的な種との間に 1 対 1 の対応関係があった (Diamond, 1966)．原住民の認識と科学的な分類記載がこれほどまでに一致しているのは驚くべき事実である．一致していない種についても，4 つの種について，フォレ族はオスとメスを別々の ámana aké と指定しており，これらの 4 つの種すべてがオスとメスで見た目が大きく異なっていた（性的二型）．たとえば，カタカケフウチョウ *Lophorina superba* のオスは néni と呼ばれ，メスは piyó と呼ばれており，見た目や鳴き声を中心とした区別が確立していたことがわかる．フォレ族には，食料や羽飾りとして鳥の区別が必要だったようだ．この話からわかるのは，両者の一致による種の存在の正当化ではなく，むしろ人間が自然を認識する能力の類似性である．種という単位は，人間が生物を比較したり，リストにしたり，研究するにあたって便利な基準なのだ．

　リンネが考案した二名法による学名は，すべてラテン語，あるいはラテン語化された言語で表された世界共通の名前である．本章で紹介したメナドヒメワモンは標準和名であり，日本での正式な和名である一方，世界共通の学名が *Faunis menado* ということになる．より上位の分類から正確に述べるならば，動物界-節足動物門-昆虫綱-鱗翅目-アゲハチョウ科-ヒメワモン属に分類されている．これは生物の類縁関係における番地のようなものであり，標本に基づき学名を与える場合，動物については「国際動物命名規約」という決まりに従う．新

図　メナドヒメワモン（スラウェシ島中部亜種 *klados*）のホロタイプ標本
右にあるラベルは標本と一緒に保管されているもので，採集者の情報などが含まれる．上から 2 番目の丸いラベルにはホロタイプの証である "Type" の文字がある．最下部のラベルからは，1912 年 12 月 12 日採集の個体であることがわかる．ロンドン自然史博物館にて筆者が撮影．© Trustees Natural History Museum の許可を得て使用．　→ 口絵 4

　種を発表する場合は，基準とする標本であるホロタイプ[1]を 1 つ決め，学名を担う基準標本とする（**図**）．同時期に同産地で採集された標本が複数ある場合は，ホロタイプに準ずる標本としてパラタイプ[2]となる．

---

[1] ホロタイプ：新種の特徴を最初に記載するために選ばれる唯一の個体のこと．ホロタイプはその新種の特徴を明確に示すため，のちの研究者たちによって参照されるべき，世界に 1 つだけの標本である．

[2] パラタイプ：ホロタイプと同じ新種に属するほかの個体のこと．ホロタイプは新種を代表するものとして選ばれるが，新種の特徴をより詳細に説明するために，同じ新種に属するほかの個体も収集・保存される．これらがパラタイプであり，新種の特徴を補足する役割を果たす．また，ホロタイプやパラタイプ以外にもさまざまな標本タイプ（たとえば，レクトタイプやシントイプなど）が存在するので，興味のある方は調べてみてほしい．

種の記載にあたっては，自身で採集した標本や国内の博物館に収蔵されているコレクションだけでは比較が十分でないことも多く，海外の博物館から取り寄せたり，自ら現地に行ったりして確認することもしばしばである．ホロタイプはそれぞれの種や亜種について世界に1つしかなく，解剖など詳細な検討をする際にはパラタイプを用いることが多いが，それでもとても貴重な標本であるため，取り扱う際は緊張せざるを得ない．100年以上前の標本を手にする機会もあり，分類学における科学的な再現性は標本の保管によって成立していることを実感する．

# ②

# 生物の性質としての「種」

## 2.1 種概念と生殖隔離

生物多様性の中に，見た目の似た個体の集まりを認識することができる．分類体系を確立したリンネ自身は，それぞれの種は創造によって生じたと考え，最初に神がさまざまな形の生物を創造し，その数だけ種が存在するとしていた（ジンマー＆エムレン，2016）．

「種」とは，ある場所と時間における生物のまとまりを示す概念である．現在の生物学では，エルンスト・マイヤーが提唱した**生物学的種概念**（biological species concept）が基本的な考え方となっている（Mayr, 1942; Dobzhansky, 1970）．この考え方では種は，「実際に，または潜在的に交配できる生物の集団で，他の集団からは生殖的に隔離されているもの」と定義される．これは，「種」が，人間が勝手に分けたものではなく，他の集団と繁殖できるかどうかという，生物自身の特性によって決まる自然な実体であることを示している．

　種概念は，生物学的種概念以外にもたくさんの考え方がある．すでに知られているだけで 25 以上の異なる考え方があるとされるが，そのうちのいくつかは種を規定するものではなく，形質を用いたグルーピングの方法を提案しているに過ぎない（松林，2018）．生物学的な種概念に基づく種は，個体同士の生殖を妨げる遺伝的な障壁によって他の種と隔てられる．この遺伝的な障壁を**生殖隔離**（reproductive isolation）と呼ぶ．生殖隔離の存在を前提としたほかの種概念には，認識的種概念（recognition species concept）（Paterson，1985）・進化的種概念（evolutionary species concept）（Simpson，1951）などが存在する．これらの概念はある程度の違いがあるものの，互いに生殖が可能かどうかを種の要件としている点で共通している（山口＆松林，2019）．この本では詳細な議論には踏み入らず，生物学的種概念で種概念を代表させることにする．

　種概念が多数乱立していることからも，研究者の間でいまだに論争が続いていることは想像に難くない．定義が 1 つに決められない理由には哲学的な問題もあるのだが，研究手法の問題もある．進化生物学の中でも分野が異なると，異なる概念のほうが役立つことがある．たとえば古生物学者は，実際に交配実験はできないため，化石の形態に基づき種を判定する．また，微生物学者は，クローンで増殖するような，無性生殖を主な繁殖様式とする生物を対象とするため，基本的に個体間の交配（有性生殖）自体が存在しない．そのような分類群に対して，有性生殖を前提とする生物学的種概念は無力である．このように，どの種概念も万能ではないことに注意が必要である．ダーウィンは，これらの混沌とした論争を面白がっていたようで，「種について議論が始まると，それぞれの博物学者が実にいろいろなことを考えているのがわかって，おかしくてたまらない．定義できないものを定義しようとするから，そういうことにな

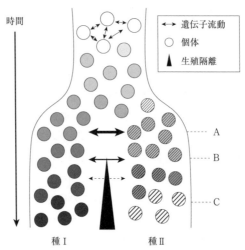

図2.1　1種が2種に分化するプロセス（種分化）の概念図

一つひとつの丸は個体で，両矢印は集団間の遺伝子流動を，黒い三角形は生殖隔離の度合いを表す．時点Aと時点Bはそれぞれ，遺伝子レベルでの分化と形質レベルでの分化が起きたポイントであり，生物学的種概念が規定する種分化完了のポイントは時点Cである．生殖隔離の程度は時点AからCまでの間に連続的に進化する．山口＆松林（2019）より改変．

るのだろう」と1856年に記している（ジンマー＆エムレン，2016）．

　生物学的種概念と種分化の関係性を表すため，1種が2種に分岐するプロセスを模式図で示した（**図2.1**）．図の中の丸は個体であり，交配して子孫を残すことで，相互の遺伝情報を持ち合わせた個体が生まれる．互いに繁殖可能な個体からなる集団がもつ遺伝子全体のことを遺伝子プールと呼ぶが，集団間で互いの個体が出会って交配し，遺伝子プールの類似度が上昇することを**遺伝子流動**という．生殖隔離はこの遺伝子流動を妨げるメカニズムにほかならない．図の上から下に向かって時間が進んでおり，任意の個体と交配していた集団がある時点から2つに分化し，最終的には生殖的に隔

離された2種となる．このうち，早い時点Aの段階では一部の遺伝子レベルで分化が確認される．続いて，集団が異なる形質をもつ時点をBとする．少しの突然変異ですぐに形質が進化することもあれば，多くの変異の蓄積を必要とすることもあるため，AとBの間の時間は大きく変化しうる．生物学的種概念では，集団の間に生殖隔離が進化すると，種分化が進んでいると捉えるため，一般的には交雑が完全に起きなくなる時点Cをもって種分化完了とする．

たとえばBの時点において，集団が異なる形質をもつことで互いの交配頻度が減り，すでに生殖隔離が少しだけ進化し始めているとしよう．このような中間状態については，生物学的種概念は明確な基準を提供できない．現実問題として，生物学的種概念が規定する種分化の程度は，生殖隔離が進化し始めたAからCまでの時間的な幅をもつことになる．特に，近縁集団との間に遺伝子流動が全くない場合は，その状況を強調して "good species" と呼ぶこともある（Coyne & Orr, 2004）．種分化が完了していない集団のペアに対しては，どのくらい生殖隔離が発達しているかを測定することができれば，図2.1のどのあたりに関係性が位置しているか議論することができる．集団間の生殖隔離を研究することは，種分化プロセスを解明することに直結する．そのため，生殖隔離を中心とする生物学的種概念の定義は，進化生態学において広く受け入れられてきた．

## 2.2 生殖隔離の種類

生殖隔離は，集団間での遺伝子流動を妨げるメカニズムである．**表2.1**にあるように，生殖隔離は交配前から交配後に至るまでさまざまなステージで定義されており，配偶子の受精前にはたらく**接合前隔離**（pre-zygotic isolation）（あるいは交配前隔離（pre-mating isolation））と，受精後にはたらく**接合後隔離**（post-

表2.1 主な隔離障壁とその位置づけ（Coyne & Orr, 2004 および山口＆松林, 2019 より改変）

| 隔離障壁<br>isolating barrier | 作用する生活史ステージと作用の仕方 |
| --- | --- |
| 接合前隔離（交配前隔離）<br>pre-zygotic isolation<br>（pre-mating isolation） | 近縁種が出会って交配する以前にはたらく隔離障壁 |
| 　生態的隔離<br>　ecological isolation | 種間で生態的形質が異なる |
| 　季節的隔離<br>　seasonal isolation | 種間で交配シーズンの重複が小さい |
| 　時間的隔離<br>　temporal isolation | 種間で交配の活動時間帯の重複が小さい |
| 　送粉者隔離<br>　pollinator isolation | 種間で送粉者相の重複が小さい |
| 　生息場所隔離<br>　habitat isolation | 種間で生息場所選好性の重複が小さい<br>※地理的隔離は含まない |
| 　移住者生存不能<br>　immigrant inviability | 種間で相手側の生息場所での生存率が低い |
| 　性的隔離（行動的隔離）<br>　sexual isolation<br>　（behavioral isolation） | 種間で行動的に交配が成立する頻度が低い |
| 機械的隔離<br>mechanical isolation | 種間で生殖にかかわる形態的なミスマッチがある |
| 交配後接合前隔離<br>post-mating pre-zygotic isolation | 近縁種が交配した後かつ受精する前にはたらく隔離障壁 |
| 　配偶子隔離<br>　gametic isolation | 雑種個体の受精卵形成が妨げられる |
| 接合後隔離（交配後隔離）<br>post-zygotic isolation<br>（post-mating isolation） | 近縁種が交配した後にはたらく隔離障壁 |
| 　外因的接合後後隔離<br>　extrinsic post-zygotic isolation | 雑種の適応度が外的（生態的）要因で下がる |
| 　生態的雑種生存不能<br>　ecological hybrid inviability | 雑種の生存率が両親種の生息環境で下がる |
| 　内因的接合後隔離<br>　intrinsic post-zygotic isolation | 雑種の適応度が内的（遺伝的・生理的）要因で下がる |
| 　雑種生存不能<br>　hybrid inviability | 雑種の生存率が環境にかかわらず下がる |
| 　雑種不稔<br>　hybrid sterility | 雑種の稔性（妊性）が環境にかかわらず下がる |

zygotic isolation）（あるいは交配後隔離（post-mating isolation））に大きく分けられることが多い．生殖隔離一つひとつのメカニズムを指して，**隔離障壁**と呼ぶこともある．生殖隔離の強さを定量化する試みは，種分化研究のごく初期，ダーウィンの時代からおこなわれてきた（**Box 2**）．生殖隔離の評価は，種分化研究における最も根本的な問いである "対象となる個体群同士がどれぐらい生物学的に分化しているのか" に答えることのできる数少ない方法である（松林，2019）．以下では，生殖隔離のメカニズムの多様さを感じてもらうためにあえて 1 つずつ説明を試みるが，本書を通読するにあたって暗記する必要はない．

---

## Box 2　ダーウィン時代の生殖隔離研究

　1800 年代中頃までの博物学者は，ふつう，種は交雑すると不稔（種子などの子孫を残せない）になる性質を与えられているのであり，それはすべての種類の生物が混ざり合ってしまうのを防ぐためである，と考えていた．一方でダーウィンはこれについて，雑種がきわめてふつうに不稔であることの重要性を低く見つもりすぎである，と感じていたようである (Darwin, 1859)．つまり，不稔性は徐々に進化するものであり，神から与えられているものではないと考えた．

　この時代は，植物の接合後隔離に関する研究が主であり，花粉が柱頭についたのちに種子が形成されるかどうか，さまざまな種の組み合わせで植物学者が実験をおこなっていた．ダーウィンは，異なる生物同士が互いにまざってしまうのを防ぐのが重要であれば，どの植物もみな同じように完全な雑種不稔の性質をもっているはずだと仮定した．しかし実際には，不稔性の程度は種のペアによって大きく異なっており，交雑が極端に困難な種がいる一方，問題なく雑種の種子が得られることもあったのである．そして，種分化（ダーウィンは変種から種が生まれるプロセスと呼んだ）が起きる際，雑種不稔の強さは高まる方向に移行していくはずだと結論づけた．これを確認するためには，

親集団を 2 つに分割し，互いに交雑しないように何世代も飼育して不稔の程度を測定すればよいという，現在でも用いられる進化実験のデザインに辿り着いている．のちにおこなった実験では，2 集団それぞれの飼育個体数が少なかったために，生殖隔離の進化よりも先に近交弱勢の影響が現れてしまった．ダーウィン自身が実証することはできなかったものの，その主張の確かさは 1900 年代以降に示されている．

　動植物のどちらにおいても，繁殖への第 1 の障壁としてよく観察されるのが，季節的隔離（seasonal isolation）である．このメカニズムは，発生時期や繁殖期の重なりが小さい場合，互いの交配相手を見つけることが難しくなることによる．特に繁殖季節は種ごとに限定されている場合が多く，花を咲かせる植物では観測が比較的容易であるため，野外で頻繁に検出される生殖隔離の 1 つである（Martin & Willis, 2007）．また，同時期に同じ場所で繁殖可能であったとしても，繁殖時間帯が異なる場合があり，これを時間的隔離（temporal isolation）と呼ぶ．たとえば，日本で初夏に観察される，ゼフィルスと呼ばれるミドリシジミの仲間では，ほとんどの種が幼虫期にブナ科植物を餌とする分類群であり，成虫期には樹冠や枝先などでオスがテリトリーを張る行動をとる．しかし同じ森の中でも，ある種は早朝に活動し，またある種は夕方に活動するといったように時間的に棲み分けているため，結果的に交配行動の時間帯は近縁種間で重ならない．

　広範な生物に一般的に見られる生殖隔離の 1 つとして，生息場所隔離（habitat isolation）がある．餌を食べる場所や交配する場所の好みに種間で異なる偏りがあると，それが互いの個体と出会う確率を低下させることにつながる．特に植食性昆虫においては，交配場所が自らの餌である寄主植物の上に限られることが多く，その植物への選好性の進化が，生息場所隔離をもたらすことが知られている

(Berlocher & Feder, 2002). ここで，生息場所隔離と関連した表現
として，**地理的隔離**（geographic isolation）に触れたい．生殖隔離
は，生物自身がもつ遺伝的な形質によってもたらされる障壁に限ら
れるため，山地や海など物理的な要因による地理的隔離は生殖隔離
には含まれない．しかし，集団間での交雑を防ぐメカニズムとして
非常に重要であるため，隔離要因の1つとして挙げられることがあ
る．

　動物で最も頻繁に見られる接合前隔離には，性的隔離（sexual
isolation）（あるいは，行動的隔離（behavioral isolation））が挙げ
られる．性的隔離は雌雄が出会った際に交配が成立する確率から算
出することができ，ある種のオスともう一方のメス，あるいはその
反対のペアといったように，複数の組み合わせを考慮する必要があ
る．実験室の適切に制御された条件下において，オスとメスを1対
1で交配実験できる生物は限られており，実際には，多くの動物が
野外の特定の条件下でしか交配しない．また，メスが多くのオスの
中から1個体だけを相手として選ぶ場合や，多数の雌雄が入り乱れ
て交配をおこなう場合など，自然界にはさまざまな交配様式が存在
するため，一律な測定手法があるわけではないことに留意したい．
さらに，雌雄間で交配へ進んだとしても，交尾器の形状が不一致
のため生殖に至れないという機械的隔離（mechanical isolation）も
存在する．開花植物においては，送粉者隔離（pollinator isolation）
が性的隔離に近い性質をもっている．送粉者隔離は虫媒の植物を対
象として，開花期における送粉者の種類を比較することで交配成功
率を測定できる．全く同じ送粉昆虫が受粉を媒介していれば，送粉
者隔離はない．また，分子生物学的な手法を用いることで，柱頭に
ついた花粉の由来を調べることができ，この隔離の強さをさらに精
密に算出することもできる（Matsuki *et al.*, 2007）．

　さて，これらの隔離障壁を乗り越えた場合でも，すぐに雑種個体が生まれるわけではなく，まずは受精卵を形成しなければならない．交配後接合前隔離（post-mating pre-zygotic isolation）と呼ばれるこの段階では，ほとんどのメカニズムが配偶子間の化学的な相互作用に起因する．体内受精の場合，交配後にメスの生殖管内では複雑な一連のプロセスがあり，オスの精子移動能力の減少，またはメスによる精子の輸送，貯蔵，生存率の低下により，受精の成功が減少または阻止されることがある（Matute & Coyne, 2010）．配偶子の接合にかかわる上記のような隔離を，配偶子隔離（gametic isolation）という．

　接合後隔離（post-zygotic isolation）は，種間の交雑後に生まれる雑種個体の適応度を，親個体と比較することで求められる．適応度とは，ある個体が生涯に残すことのできる子孫数であり，環境中での生存率や産子数に依存する．一般的に，よく測定の対象となる隔離障壁は，雑種生存不能（hybrid inviability）と雑種不稔（hybrid sterility）である（松林，2019）．この2つの隔離障壁は，主にモデル生物であるショウジョウバエの仲間を用いて，長年にわたって種分化研究の対象とされてきた（Coyne & Orr, 2004）．

　雑種生存不能では，生まれた雑種個体が発生の途中や成長の過程で死亡することで子孫を残せない．これは一般的に，雑種個体が2つの親種の遺伝子を両方持ち合わせることで，それまで起きることのなかった遺伝子間の相互作用が生じ，悪影響を及ぼしている．雑種生存不能は，生育環境に依存するものと，生育環境にかかわらず生じるもの（胚発生の失敗など）に分けられ，特に前者を，生態的雑種生存不能（ecological hybrid inviability）と呼ぶ．雑種個体は，実験室内などの整備された環境では問題なく成長できるものの，どちらか，あるいは両方の親種の生息環境ではうまく生育できないこ

とがある．例として，両親がそれぞれ異なる環境に適応している場合，中間的な性質をもった雑種個体はどちらの環境でも生存率が低くなってしまう（Rundle & Whitlock, 2001）．

　雑種不稔は，雑種個体が成体になった際に繁殖能力をもたないことによる隔離障壁である．この隔離障壁は，接合前隔離で紹介した性的隔離や配偶子隔離が雑種個体の世代で起きることによる．雑種が親種と異なる鳴き声や求愛サインを出してしまう場合は，交配相手を得ることができずに子孫を残せない．また，雑種生存不能でも挙げたように，両種の遺伝情報をもつことによる生理的なデメリットが，配偶子形成の段階で現れることもある．メカニズムとしては接合前隔離の際と全く同じであるが，接合後の雑種個体に関することであるため，接合後隔離として分類される．雑種不稔に関しては，一方の性が他方の性より適応度が減少しやすいというホールデンの法則（Haldane's rule）が知られており，幅広い分類群で生殖隔離の最後の障壁として機能している（**Box 3**）．

---

## **Box 3** ホールデンの法則

　生物種間の生殖隔離のメカニズムは多様で，その重要性は対象となる分類群により大きく異なる．内因的接合後隔離はゲノム上での突然変異の蓄積から生じるが，性による特異的なパターンが存在する．ホールデンが初めて指摘したこのパターンは，「雑種個体の中で一方の性が他方より適応度が低い場合，その性は異形接合性である」というもので，これをホールデンの法則と呼ぶ（Haldane, 1922）．哺乳類やヒトではオスが該当し，性染色体の組み合わせは XY である．一方，鳥類やチョウ類ではメスが該当し，性染色体の組み合わせは ZW となる．

　この法則がどのように成り立つのか，鳥類を例に考えてみよう．いくつかの仮説があるが，ここでは代表的なものを取り上げ，対立遺伝子の優性/劣性（顕性/潜性）に焦点を当てる．メスの Z 染色体上に存

在する劣性突然変異が致死的であると仮定しよう．メス個体の中では
いま，別の常染色体上の遺伝子の影響により，その効果は現れていな
いとする．オス (ZZ) ではもう一方の親から受け継いだ Z 染色体によ
りその効果は中和され，種内ではその変異の影響は見えない．しかし，
交雑により生まれた雑種個体では，異なる進化を経た別種の常染色体
と組み合わさり，有害な劣性突然変異を中和する効果がない可能性が
ある．雑種個体のオスでは，もう一方の親から受け継いだ Z 染色体に
よりその効果は引き続き中和されるが，メスの W 染色体は遺伝子座
が少ないため，ペアになった Z 染色体の有害遺伝子を中和することが
できない．このような劣性の致死的な突然変異は，集団内でその悪影
響が表面化しないため，問題なく蓄積することがあるのだ．鳥類の種
間交配の結果をまとめた研究では，不妊性については 75 ケース中 72
ケース，生存不能については 15 ケース中すべてがメスであったという
結果が示されている (Price & Bouvier, 2002)．この法則は，オスが異形
接合性であるショウジョウバエやマウスでも一貫性をもって適用され
る．

　生殖隔離のメカニズムは分類群ごとに特有のものもあるためす
べては挙げられないが，多くの障壁が存在することはわかっていた
だけたと思う．これらの障壁のうち 1 つでも集団間で進化し始めれ
ば，遺伝子流動は抑制され，種分化のスタートとなる．第 1 章で紹
介したオオヨモギハムシを例にすると，**図 2.2** のように生息場所隔
離から雑種不稔まで，強度の違いはあれ，さまざまな隔離障壁が観
察されている．分類学者が種の違いとして参照する形態は，見た目
の形状であれば環境や交配相手への適応が考えられるため，生息場
所隔離や性的隔離に貢献している可能性が高い．一方で，交尾器の
形の違いであれば機械的隔離，といったように，形態は生殖隔離の
とある側面を間接的に定量化し，別種の基準としている．

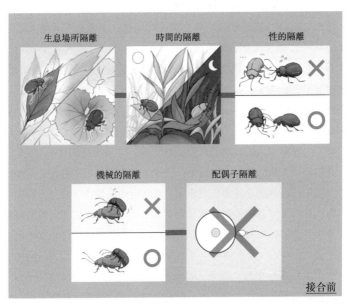

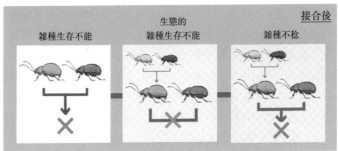

**図2.2　オオヨモギハムシで観察されている生殖隔離のメカニズム**

1つの近縁種ペアに着目するだけでも，複数の隔離障壁を確認することができる．各メカニズムについては本文参照のこと．（絵：田千佳）

## 2.3 種の違いを生殖隔離で量る

　種や集団のペアがどのくらい類縁な関係にあるかを評価するには，形態的な違いや遺伝的な違いなど，さまざまな尺度が利用される．しかし，生物学的な "種の違い" を定量的に示すためには，生殖隔離を計測するのが最も適切である（松林，2019）．現在では，野外での観察や行動実験，分子実験を通じて，生殖隔離を直接評価する手法が広く普及しており，隔離障壁の進化やそのメカニズムについての理解が大幅に向上している．

　動物では一般的に，交尾行動に関連する性的隔離が進化しやすいことは先に述べた．昆虫に限らず，淡水魚や鳥類などの脊椎動物を含め，これまで詳細に調査されたグループのほとんどで，性的隔離が検出されている（Funk & Nosil, 2008）．小型の植食性昆虫の場合は，図 2.3 のように小さなプラスチックのケースに，食草と雌雄 1 ペアを入れ観察をおこなう．対象の生物に応じて観察時間を決め，時間内に交配が成立したペアの数を記録する．種内と種間でのペア成立数を比較し，種間のペアで交配成功率が低い場合は，生殖隔離を検出したこととなる．また別の例では，卵生の動物や種子植物に対して計測しやすい隔離障壁として，雑種不稔がある．一度雑種個体が生まれ，その個体が生体まで生存した場合に，産卵数や種子数を計測することで，親世代と比較してどの程度，繁殖力が低下したか見積もることが可能である（図 2.4）．雑種個体が得られない場合や，1 世代が長い生物では計測が実質的に不可能である．

　ここまで，それぞれの隔離障壁を個別に見てきたが，図 2.2 にも示した通り，実際には一度の交配の前後で複数の生殖隔離メカニズムが同時にはたらく．虫媒の種子植物を例に考えてみると，送粉者隔離が特に進化しやすいとの報告がある（Lowry et al., 2008）．し

図2.3 **オオヨモギハムシを用いた性的隔離の交配実験風景**
小型容器に封入後，24時間以内に交配が成立したペア数を記録した．

図2.4 **メナドヒメワモンの雑種個体を用いた産卵数計測のための実験風景**
リシャール法と呼ばれる手法で，密閉容器に母蝶，餌（薄い砂糖水を脱脂綿に含ませ
たもの），産卵対象となる食草を入れ，太陽光や強い光のもとに置く．写真では袋の右
側に母蝶がとどまっている．左下は実際に得られた卵．

たがって，送粉者隔離はよく観察される隔離障壁であるが，通常は
ほかの隔離障壁と組み合わせて機能することが多い．多くの場合，
植物の開花時期や時間は種によって厳密に制御されており，これが
特定の送粉者の活動時間とリンクしている．さらに，生育場所の違
いが送粉昆虫の種類に影響を与えることもある．そこで，ある集団
のペアにおける生殖隔離の総量（強度）RI を以下のように定義す
る．

$$\mathrm{RI} = 1 - \frac{M_\mathrm{e}}{M} = 1 - W_1 W_2 W_3 \cdots \tag{2.1}$$

$M$ は集団間で全く生殖隔離がはたらかない場合の遺伝子流動量で
あり，$M_\mathrm{e}$ はすべての隔離障壁が作用した後の実際の遺伝子流動量
（有効遺伝子流動量という）を示す．つまり，遺伝子流動が妨げら
れた割合が生殖隔離の全体の強度であり，RI＝1 が完全な生殖隔離
を意味する．これをさらに個別の隔離障壁の効果に分解すると最右
辺のようになり，異なる効果が積として作用していると想定してい
る．ここで，$W_i$ は $i$ 番目の隔離障壁を通過できる確率とし，雑種
個体が何世代も出現する限りはこの掛け算を繰り返す（Bengtsson,
1985）．図 2.5 の例に示すように，一つひとつの隔離障壁が不完全で
あったとしても，多数のメカニズムが組み合わさることで，最終的
な雑種個体の生存率は著しく低下する．1 つの隔離障壁が 50% で
あったとしても，同じ強さの障壁が 4 つ作用すれば雑種個体が見ら
れる可能性は $0.5^4 = 6.25\%$ まで低下するため，1 つの強力な性的隔
離で 90% の異種間交配を避けるよりも効果的であることがわかる．

　ヨーロッパアワノメイガ *Ostrinia nubilalis* と呼ばれる蛾を用
いた研究では，フェロモンの分化が確認されている 2 集団について
12 の隔離障壁が検討され，そのうち 7 つで不完全ながらも生殖隔
離としての役割が検出された（Dopman *et al.*, 2010）．さらに 7 つ

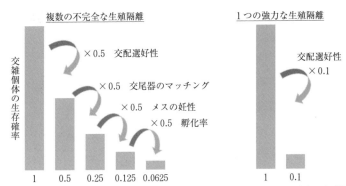

図 2.5　複数の不完全な生殖隔離が組み合わせで作用する場合と，1 つの強力な生殖隔離が作用する場合では，前者のほうが最終的な強度が高いことも多い

の中でも，時間的隔離（RI ≈ 0.65）と性的隔離（RI ≈ 0.8）が強く，これらを組み合わせると生殖隔離の強度は 0.9 に達する．7 つすべて合わせるとその効果は 0.99 にまで達し，自然状態ではほぼ完全な生殖隔離が進化しているといえる．面白いことに，この 2 集団は実験室内では問題なく交雑し，雑種個体を得ることができるため，接合後隔離の効果はゼロである．つまり，ごく稀ではあるが自然状態でも雑種個体が形成され，人間が観察することもありえる．しかし野外では，有効な遺伝子流動量は大きく妨げられており，種分化のほぼ最終段階あるいは別種といえるほど分化を遂げているといえる．このように遺伝子プールが生殖的に "十分に" 隔離されている場合，雑種個体が観察されることと，別種であることは両立可能であり，生物学的種概念の観点からも矛盾しない．

## 2.4　連続的な種分化プロセス

記載種のうち，動物で 10％，植物では 25％ にあたる種で，雑種個体を創出したことがあるとされる（Mallet, 2005）．雑種と聞く

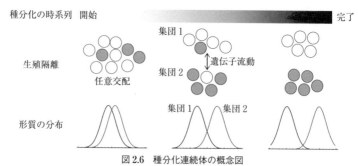

図2.6　種分化連続体の概念図

基本的に，生殖隔離の進化は時間軸に沿って徐々に進行する．各丸は個体を表し，種分化の開始時点では形質にバリエーションが存在する1つの任意交配集団である．その後，生殖隔離が進化するにつれて2つの集団と認識されるようになり，最終的には表現型およびゲノムレベルでの分化が進行し，完全な生殖隔離が達成される．山口 (2019) を改変.

と，父がライオンで母がトラのライガーのように珍しい（そして時には人為的な）現象を想像するかもしれないが，野外の生物でも十分に起こりうる．本章で種分化の視点から種概念や生殖隔離について見てきたように，雑種の出現自体は種の定義を曖昧にするわけではなく，単に対象の分類群や集団のペアによって，進化する生殖隔離のメカニズムやその順序に違いがあるということになりそうだ．さまざまな要因によって種分化は駆動されるため，その程度を一連の**種分化連続体** (speciation continuum) として議論することが，生殖隔離の進化を理解するために大切である（**図2.6**）．

　生物多様性を生み出すメカニズムは多岐にわたり，自然界における種分化プロセスは非常に複雑である．そのため，生殖隔離の定量化や遺伝的分化のパターン，近縁種間の分布情報を単純に見ても，複数の仮説が支持される可能性が高い．さらに，実際にはいくつかの異なるメカニズムが種分化に影響を与えていることが普通である．種分化は，直接的な時間経過の観察によって証明するのが難し

いため，何らかの間接的な手法を用いてその要因を推定すること
が多い．数理モデルを用いた理論的な研究は，これらの仮説を検証
し，新たなメカニズムを提案することによって，100 年以上にわた
り種分化に対する理解を深めてきた．次章以降ではいよいよ，種分
化モデルの基本的なアイデアに触れながら，生殖隔離の進化と種多
様性の起源について紹介していく．

# ③

# 種分化のメカニズム

## 3.1 適応度の谷

　種分化の進み具合を考える時，雑種の適応度が親集団よりも低いほど，生殖隔離が進化しているといえる．ある集団が突然変異を蓄積して，元の集団とは異なる遺伝子型に進化することで，生殖隔離が発達するのは容易だろうか．具体的な例として，遺伝子型によって適応度が2つのピークをもつ状況を考えてみよう．いま，二倍体の生物で，1つの遺伝子座に2つの対立遺伝子が存在する．集団内には対立遺伝子 A と a があり，遺伝子型 AA と aa の適応度が1で，Aa が $1-s$ $(0 < s \leqq 1)$ であると仮定する．言い換えれば，AA と aa の適応度が最も高い点があり，その間にはヘテロ接合の遺伝子型 Aa で適応度が低い谷が存在する（**図 3.1**）．ある種を考えた時，すべての集団がこの遺伝子座において A のみをもつ単型の場合を考えよう．そのうち1つの集団で a が広まり，全体を占めることがあれば，他の集団との交雑が起きた際，その雑種の適応度はどちら

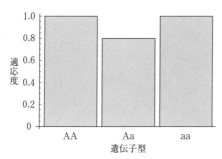

**図3.1　1遺伝子座2対立遺伝子モデルにおける適応度の谷**

遺伝子型 Aa のヘテロ接合個体の適応度がホモ接合の場合に比べて 20% 低下している例を示している.

の親集団と比較しても低くなる. この適応度の低い谷が深ければ深いほど, 種分化後の生殖隔離が強力であると考えることができる.

　まず, A のみからなる集団に突然変異 a が生じたと仮定する. 遺伝子型の頻度や適応度に基づいて次世代の親を選ぶプロセスを考えると, Aa の個体は非常にわずかで, そのうえ適応度も低い. したがって, 集団の個体数 (集団サイズ) が大きいほど, Aa が偶然に親として選ばれる確率が低下する (**図3.2**). 逆に, 集団サイズが小さい場合, 突然変異が発生する機会は減るものの, **遺伝的浮動** (**Box 4**) の影響により, a の割合が偶然に 1/2 を上回ることがあるかもしれない. すると a が集団内で多数派になるため, aa の頻度が増加していく. 少数派になった AA は, 多数派の a をもつ個体と交配して適応度の低い Aa を作るため減少し, aa の頻度が一層増え, 集団内に広がる. この例では, 以上のメカニズムにより最終的に集団がピークシフト (適応度の低い地点を通過して異なる頂点に達すること) することがわかる. 突然変異が現れてピークシフトが完了するまでの平均待ち時間には, 集団サイズ $N$ とヘテロ接合個体への淘汰の強さ $s$ を用いて $T \propto e^{Ns}$ という関係がある (Lande,

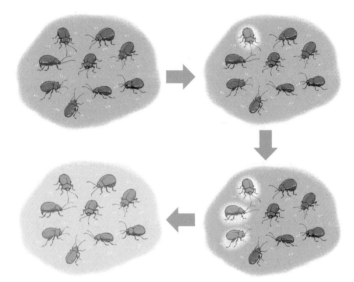

**図 3.2 突然変異の対立遺伝子が集団内で広がり固定するプロセス**
淡い体色の個体が突然変異個体であり，はじめは集団内で交配相手として選ばれず適応度が低いかもしれない．（絵：田千佳）

1979)．つまり，適応度の谷の深さや集団サイズの増加に応じて，待ち時間は指数的に増加する．一方で，実際に固定する突然変異が出現してからピークシフトするまでの平均待ち時間（遷移時間）$\tau$ には，$\tau \propto \ln(\sqrt{N}s)$ という対数の関係があり (Gavrilets, 2003)，これは先ほどの関係よりもはるかに短い．このピークシフトによる種分化メカニズムは，生じるまでに非常に長い時間 $T$ を待たねばならず，変異が生じてからの遷移自体は素早く起こってしまう（$\tau$）ため，観察の試みは困難で現実的ではないことがわかるだろう．このように，一見困難な種分化を促進しうるのが，次節で紹介する中立突然変異（neutral mutation）（上記の例で $s = 0$ に相当）と次章で取り上げる自然淘汰の存在である．

## Box 4　偶然による進化：遺伝的浮動

　対立遺伝子頻度の確率的な変化を記述する数理モデルの代表として，ライト・フィッシャーモデルがある．遺伝的浮動は，小さな集団において遺伝子の頻度が無作為に変動する現象を指し，以下のようなステップでシミュレーションができる．

　$N$ 個体の集団を考え，外からの移入個体や突然変異は発生しないと仮定しよう．1 遺伝子座 2 対立遺伝子のシステムを考える場合，対立遺伝子の数は $2N$ 個存在することになる．対立遺伝子は A と a であり，それぞれの初期頻度は $p, q$ とする（$p + q = 1$ は常に成立）．いま，$N$ 個体がランダムに交配し，次世代も同じ集団サイズの $N$ 個体からなる集団を作る時，子孫個体が A をもつ確率は親となる個体が A をもつ確率と同じであるから，初期頻度 $p$ と一致する．つまり，次の世代の $p$ の頻度は，現在の世代の $p$ の頻度と集団の大きさをもとにした二項分布 $B(2N, p)$ に従ってサンプリングする．このステップを望む世代数

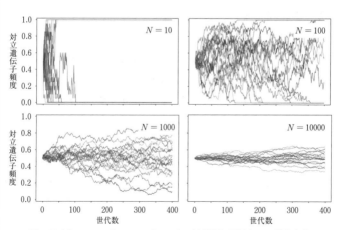

図　ライト・フィッシャーモデルによる対立遺伝子頻度 A の継代変化
初期頻度 $p = 0.5$ とし，4 つの異なる集団サイズでそれぞれ 20 回シミュレーションした結果を示した．

だけ繰り返し計算すると，**図**のように，対立遺伝子頻度の軌跡を描く
ことができる．集団サイズが小さい時には遺伝的浮動の効果が強く現
れ，どちらかの対立遺伝子がすぐに固定（頻度が 1 に到達）または消
失（頻度が 0 に到達）してしまう．それに対して，集団サイズが大き
い場合は，短時間での固定・消失は見られない．

このモデルは，遺伝的浮動などの集団遺伝学の基本的な概念を理解
するための非常に便利なツールであり，実際の生物集団の進化や対
立遺伝子頻度をモデル化する際にもよく使用される．二倍体集団内
に突然変異が起きた時点をスタートとすると，その対立遺伝子頻度は
$p = \frac{1}{2N}$ であり，この変異が消失せずに遺伝的浮動のみで集団内に
固定する確率は初期頻度と同じ $\frac{1}{2N}$，また固定までに要する平均待ち
時間は $4N$ 世代であることが理論的に知られている (Kimura & Ohta,
1969).

## 3.2 中立突然変異と雑種不稔

**中立突然変異**とは，集団内で繁殖する個体の適応度に影響を与え
ない突然変異のことを指す (Lynch & Hill, 1986). 中立な突然変異
の蓄積による生殖隔離の進化は，古典的な種分化理論として提唱さ
れてきた**ドブジャンスキー・マラー型不和合性**[1] と呼ばれるメカニ
ズムに該当する (Dobzhansky, 1937; Muller, 1942). 以下では 3 つ
のステップに分けて，この理論の段階的な理解を試みる．

例として，雑種不稔などに代表される接合後隔離が，2 遺伝子座
2 対立遺伝子によって制御されていると仮定しよう（**図 3.3**a）．祖

---

[1] 不和合性：異なる要素が協調せず，かみ合わない状態を指す．遺伝的な不和合性の
例では，異なる遺伝子プールに起源をもつ個体が交配すると，雑種がこれまでにな
い遺伝子の組み合わせをもつことになるため，発生異常や不妊などの適応度低下を
経験する．

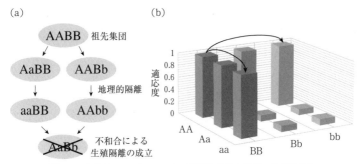

図3.3　ドブジャンスキー・マラー型不和合性の蓄積による種分化
(a) 地理的に隔離された分集団が異なる突然変異を蓄積することで生殖隔離が成立する．(b) 配偶子の遺伝子型とその組み合わせによる適応度の違い．AABBの祖先型から異なる2つの方向へ適応度の谷を経験することなく進化可能である．一方，雑種第1世代AaBbや戻し交雑個体Aabbなどは適応度が低い．

先集団はすべての個体が遺伝子型AABBをもつ集団である．いま，地理的な隔離によって2つの集団（1と2）に分断されたとする．集団間には遺伝的な交流がなく，それぞれ独自の変異を蓄積することが可能であり，集団1では突然変異によってAaBBという個体が生じ，集団2ではAABbが生じたとする．これが1つ目のステップである．

　次のステップでは，生じた突然変異が各集団内で広がっていく様子を考える．集団1の突然変異が集団内で中立だとすると，AABB・AaBB・aaBBに適応度の差はないので，偶然によってaが集団内で固定することがある．同様に集団2においても，遺伝的浮動により遺伝子型AAbbが固定したとする．

　そして最後のステップとして，この2集団から1個体ずつを親に選んで交配することを考える．この時，生まれる個体は遺伝子型AaBbをもつ雑種である．もし遺伝子座間の相互作用（epistasis）によって，対立遺伝子aとbを同時にもつ個体が致死あるいは不稔

であるとするなら，この2集団間で遺伝子流動は生じないため，生殖隔離が成立しているといえる．対立遺伝子aとbが各集団の進化の途中ではセットになっていないため，それぞれの集団内での繁殖に問題はない．一方で，ひとたび交雑が起こると不和合性がはたらき，遺伝子プールが共有されないのである（図3.3b）．はたして，種分化に都合のよいこのような突然変異が，自然界に存在するのだろうか？　現在，ドブジャンスキー・マラー型不和合性の例は，ショウジョウバエ属 *Drosophila*（Brideau *et al.*, 2006）やイネ属 *Oryza*（Mizuta *et al.*, 2010）などで具体的な遺伝子がいくつも見つかっている．

## 3.3　2島モデル

　種分化の遺伝的なメカニズムに続いて，地理的なセッティングについても考えよう．集団間の地理的な配置や移住率に着目して，種分化メカニズムを分類する試みは古くからおこなわれており，以下の3つが代表的である．海洋の離島間のように遺伝子流動が全くなく，地理的に離れた場所に存在する集団間での種分化を**異所的種分化**（allopatric speciation）と呼び，最も種分化が起きやすい地理的条件であるとされる．異なる場所で独自の進化を遂げるイメージと合致するため，時間の経過とともに新種が誕生することは想像に難くないだろう．また，集団は分断されているが，個体が互いの集団に移動可能であるような地理的状況の場合を**側所的種分化**（parapatric speciation）といい，集団同士が接している場合や，わずかな地理的分布の重なりをもつ場合がこれに含まれる．遺伝子流動の存在下では一般的に種分化の進行が遅く，側所的種分化がどのように促進されるかは，種分化研究者が取り組んでいる大きなテーマの1つである．さらに，遺伝的な構成の異なる個体が高頻度で接

触するような場合で，空間的には任意交配が可能な範囲の地理的ス
ケールを対象とする際は**同所的種分化**（sympatric speciation）と呼
ばれ，一般には非常に起きにくいとされる．

　前述の分類は，地理的な条件だけでなく，対象の生物グループの
移動分散能力に大きく依存する．たとえば，近縁な植食性昆虫が同
じ草原に生息した場合に，寄主植物の好みが異なることによりほと
んど出会うことがなければ，同所ではなく側所や異所に近い状況と
いえる．また，植物では生育場所と同様に，花粉の運ばれ方（風媒
や虫媒の違い）によって実際の移動分散能力や交雑の可能性は異な
る．それでもこの分類によって，種分化が進む間に遺伝子流動がど
れくらい存在するかを議論できることは有用である．数理モデル
上では，2つの集団間の個体の世代あたりの移住率 $m$ で定義され
（**図3.4**），$m = 0$ で異所，$0 < m < 0.5$ で側所，$m = 0.5$ で同所であ
る．このように，生息地がパッチ状に点在し，なおかつ移住でつな
がっている構造を島モデルと呼ぶ．現実の種分化で最も多いのは，
$m = 0$ である．側所的なシナリオで種分化が起きる場合は，さまざ
まな原因で $m$ がごく小さくなり，異所的種分化に近い状況だとさ

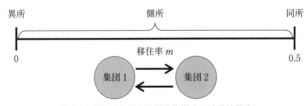

**図3.4　島モデルによる種分化様式の地理的区分**

2つの集団の間で全く移住がない場合は異所的と呼ぶ．反対に，毎世代1/2の確率で各
個体が移住する場合は，集団としてよく混ざり合った状態であり，1つの集団と見な
せるため同所的である．これらの中間は各集団で独自に進化しながら移住個体を交換
する関係であり，側所的と呼ばれる．

れている．この移住率 $m$ が高いほど遺伝子流動の効果が大きくなり，種分化に至るためにはそれを克服するだけの淘汰圧や浮動を生み出すメカニズムが必要である．

島モデルという言葉とは裏腹に，海に浮かぶ島以外にも多くの生物群集を島モデルとして扱うことがきる．山脈や氷河で仕切られた低標高の生息地は地理的に隔離された分集団であり，陸続きであるが，島モデルとして扱える．また反対に，高標高に適応している生物は互いに行き来の難しい山頂ごとにパッチ状に生息しており，"空島" モデルとして同様のコンセプトが適用可能である．このほかにも，離れた洞窟の集団同士や，幅わずか 64 km のパナマ地峡を障壁としたカリブ海と太平洋など，自然界は島のような構造であふれている．微生物や寄生虫など，移動能力が低い分類群では，それらの宿主生物自体が動く島のような生息地として捉えることができるのも面白い．

最も単純な種分化数理モデルの例として，2 つの島からなる生息地と前節の中立突然変異を組み合わせてみよう（Yamaguchi & Iwasa, 2013a）．ここではできるだけ多くの生物に共通するシンプルな仮定のもとで，種分化のダイナミクス[2] を解析することを目的とする．ドブジャンスキー・マラー型不和合性は 2 つの遺伝子座が生殖隔離をコントロールしていたが，より一般に $L$ 個の遺伝子座が生殖隔離にかかわる形質を制御しているとする．ここで，重要な量として 2 つの集団間の遺伝的差異を表現するために，**遺伝的距離**[3] $z$ を定義する．遺伝的距離とは，異なる対立遺伝子をもつ遺伝

---

[2] ダイナミクス：物事やシステムが時間とともに変化する様子を表現する言葉．進化生態学的な文脈では，個体数の変化や対立遺伝子頻度の変化を指すことが多い．ここでは，種分化のプロセスが時間とともに変化することを指す．

[3] 遺伝的距離：遺伝距離（genetic distance）とも呼ばれる．本書の数理モデルで取り

子座の割合で, 0〜1の値をとる. この値が一定の閾値 $z_c$ 以下であれば個体間での生殖が可能で, それを超えると異なる種として扱われ, 交雑が不可能となる. ドブジャンスキー・マラー型不和合性の場合は $L = 2$ であり, 各集団で異なる対立遺伝子をもつ遺伝子座の数も2である. これを割合にすると遺伝的距離 $z = 1$, 種分化したと考える閾値 $z_c = 1$ に相当する.

2つの島の集団でそれぞれ独自の突然変異が蓄積し, 偶然に同じ変異が蓄積することは非常に低確率で無視できるとする. 遺伝子座あたりの突然変異率を $u$ とすると, 遺伝的距離は1世代あたり

$$2u(1 - z) \tag{3.1}$$

だけ増加する. 2はそれぞれの島で突然変異が起きていることを表し, $(1 - z)$ は集団間で同じ対立遺伝子を共有している遺伝子座の割合を表す. つまり, 同じ遺伝的構成をもつ遺伝子座に変異が固定した時にのみ, 遺伝的距離は増加する.

続いて, 2つの島の間での移住イベントを考える. 移住率 $m$ で一方の集団から他方の集団に $N'$ 個体の移住が成功し, 繁殖に参加できるとしよう. いま移住を受けた側の集団サイズは $N$ であり, 交配集団における移住個体の割合 $\varepsilon$ は $N'/(N + N')$ である. この割合が大きければ大きいほど, 移住する側の島の遺伝的構成が, 移住された側の島で広がる確率が高くなる. 移住による遺伝子流動の効果によって遺伝的距離が減少する量は,

$$-2m\varepsilon z \tag{3.2}$$

と書ける. 2つの島間で双方向の移住可能性があるため2が掛けて

---

扱う定義以外にも, データに合わせてさまざまな計算方法がある.

あり，移住と交配が成功した際に遺伝的距離が離れているほどそれが縮まる効果も大きくなる．遺伝的距離がゼロである場合には，遺伝子流動が起きても変化は起きない．また移住後すぐには，受け入れ集団は一時的に各遺伝子座について多型をもつが，一定世代数後には，移住イベントによって導入された対立遺伝子が固定または消失する．遺伝子座の突然変異率が十分に低い場合（正確には集団サイズ $N$ の逆数よりもはるかに低い場合），島の集団は遺伝的に単型であると仮定できる．

以上の突然変異と遺伝子流動のプロセスを合わせて，遺伝的距離の平均変化率は下記のようにシンプルな1変数の常微分方程式として記述できる．

$$\frac{dz}{dt} = 2u(1-z) - 2m\varepsilon z \tag{3.3}$$

したがって，決定論的[4]な遺伝的距離のダイナミクスは，突然変異と遺伝子流動のバランスによって決定される次の平衡状態 $z^*$ に収束する．

$$z^* = \frac{u}{u + m\varepsilon} \tag{3.4}$$

**図 3.5** では，地理的隔離によって2つの島に分かれた直後の集団（$z = 0$）が突然変異の蓄積によって分化し，平衡状態に至るダイナミクスを示した．$z^* < z_c$ の場合には遺伝的距離が種分化の閾値に到達しないため，上記のような決定論モデルでは種分化は起きない．しかし，集団間の移住がいつ起きるかというタイミングには確率性があり，これを考慮した集団ベースモデル，さらには突然変異

---

[4] 決定論的：事象がある法則や規則に従って進行する状態を指す．または，予測可能でランダム性が少ない状況を表す．

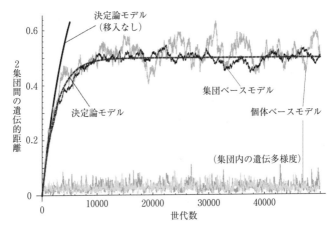

**図3.5　2つの集団間における遺伝的距離のダイナミクス**

突然変異の蓄積に伴い2集団間の遺伝的距離は増加し，遺伝子流動とのバランスで平衡状態に至る．決定論的なモデル以外にも，さまざまな程度で確率性を含むモデルが存在し，平衡状態のまわりで値が変動しているのが見てとれる．1個体ずつ仮定しシミュレーションする個体ベースモデルでは，最も多くの確率性を含むため平衡状態でのばらつきが大きく，集団内の遺伝的多様性も計算できる．

のタイミング等も考慮した個体ベースモデルというように，さまざまな確率性を考慮することも可能である．このような確率モデルでは，遺伝的距離の値が平衡状態のまわりで変動することになり，有限の時間で種分化に至る（$z_c$ に到達する）ことができる．種分化には，平均的にどのくらい分化できるかという挙動に加え，どの程度確率性を含むかも大きく貢献する．

## 3.4　曖昧な種の境界はどこか―種分化の転換点―

生殖隔離の進化や遺伝的分化の速度は一定なのだろうか？　この問いの起源は古く，ダーウィン以来，進化は一般に突然変異の蓄積

がもたらす漸進的[5]なプロセスであると考えられているため，生殖隔離もまた徐々に確立されるとする考えが支持されてきた．一方で，古生物学者は化石記録から中間的な種が見られない不連続なパターンを発見し，ミッシングリンクと呼んだ．もし進化がゆっくりと連続的に進むのであれば，中間的な種の化石も見つかるはずだからである．1972年，スティーブン・ジェイ・グールドとナイルズ・エルドリッジは，上述のパターンが単に地質学的な記録の不完全さに基づくのではなく，「種分化は生物がほとんど変化しない停滞期間と急速な進化期間の2つによって構成される」という**断続平衡説**（punctuated equilibria）を提唱した（Gould & Eldredge, 1972）．

　これらの対照的な理論は，地球上の生物多様性を理解する上で重要な議論を巻き起こした．種分化速度に関する研究は，現在も盛んである．種分化メカニズムは対象とする生物種に強く依存するものであり，したがって広い分類群に共通する種分化速度のパターンを予測することは大きな挑戦である．もし連続的な種分化のプロセスの中で，別種として見なせる集団のまとまりが出現するタイミングを定義できるとすれば，それはまさに種の境界を検出できることになる．近年の研究では，上述の2つの理論（漸進と断続平衡）が決して排他的ではなくむしろ両立するとして，種分化プロセスが急加速するフェーズに移行する**転換点**（tipping point）の存在が提唱され，その理論と実証に注目が集まっている（**図3.6**）．

　転換点が現れる種分化の一例として，前節で導入した2島モデルを活用しよう．集団が地理的に分断されながらも遺伝子流動が見ら

---

[5] 漸進的：段階的な変化のことで，ある状態から徐々に変化していく様子を表す．たとえば，生物の進化が漸進的であるとは，特定の形質が世代から世代へとゆっくりと変化していく様子を指す．

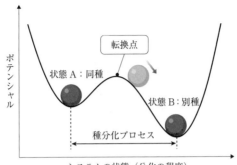

図3.6　種分化プロセスにおける転換点の概念図

横軸は2集団間の分化の程度を表し，右にいくほど種分化が進む．縦軸はシステムの安定性を表すポテンシャル[6]であり，低いほど状態が安定であることを表す．ボールの位置はある時点における2集団間の関係を示し，ここでは簡略化して状態Aの谷では同種，状態Bの谷では別種として，ともに安定な状態である．遺伝子流動の効果が十分に大きな場合には分化が抑制され，2集団の関係は同種の状態に維持される（状態A）．一方，何らかの淘汰圧や偶然によって転換点の山を越える場合には，その後種分化が加速して素早く別種の状態Bに至る．

れる側所的種分化の状況である．ここで遺伝子流動を乗り越える一般的なメカニズムとして，突然変異の蓄積とともに集団間の交配成功確率が低下すると仮定する．つまり，集団間の遺伝的距離が大きくなれば生殖隔離も発達し，交配が失敗する確率や雑種不稔の確率も増加する．これは数理モデルにおいて交配集団における移住個体の割合$\varepsilon$が減少することに対応し，改めて有効な遺伝子流動量を以下のように定義する．

---

[6]　ポテンシャル：ポテンシャルエネルギー，または位置エネルギーのことで，システムの安定性や変化の可能性を表す．システムが低いポテンシャルの状態にあると安定する．たとえば，ボールが斜面を下りるとポテンシャルが減少し，最終的には最も低い位置に到達してシステムが安定する．

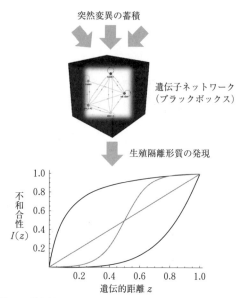

**図 3.7　遺伝的距離の上昇に伴って不和合性が単調増加する例**

突然変異の蓄積によって遺伝的距離が増加すると同時に，生殖隔離形質が分化することで，集団間の交配失敗率や雑種個体の致死率も上昇する．単調増加する場合の 4 つの例を示した．

$$\varepsilon_e = (1 - I(z))\varepsilon \tag{3.5}$$

$I(z)$ は遺伝的距離の上昇に伴って増加する不和合性の強度であり，1 から引くことで雑種個体が生存して遺伝子流動に貢献する割合となる．関数 $I(z)$ の形状は分類群や生殖隔離の種類ごとにさまざまな形状があることが示唆されており，分化に伴って集団間の遺伝子流動が次第に抑制されていく（**図 3.7**）．

　遺伝子流動が全くない異所的種分化の場合，集団間の遺伝的距離はゆっくりと増大していく．遺伝的距離が "0" の任意交配が可能な

状態からスタートし，完全に生殖隔離が確立されている遺伝的距離が "1" の状態に到達する．一方，側所的種分化の場合，集団間の遺伝的距離は，十分な時間が経過すると突然変異と遺伝子流動のバランスで決定される動的平衡[7]に至る．この状態では中程度の生殖隔離は進化しているものの，交雑が継続的に起きるため，生殖隔離のさらなる発達は生じない．図3.6の状態 A（同種）の谷で，ボールがふらついている状況である．集団間の分化度合いはこの状態 A の谷に長い時間滞在するが，遺伝的浮動などの偶然によってある程度大きくなり，転換点に到達することがある（**図3.8**）．すると，分

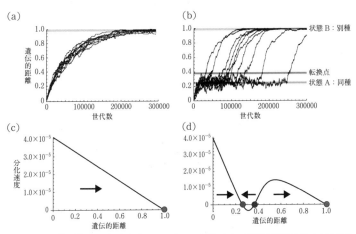

**図3.8**　種分化の数理モデルとシミュレーションに基づく，遺伝的距離のダイナミクス (a, b) と各遺伝的距離における分化速度 (c, d)

(a, c) は異所的種分化，(b, d) は側所的種分化に対応する．矢印は各遺伝的距離において分化が促進されるか（右向き），あるいは抑制されるかを表す（左向き）．特に(b) は図3.6の模式図と対応しており，遺伝的距離が動的平衡状態からランダムに揺らいで転換点に到達すると，その後は種分化が急加速に進む．(a, b) は独立した数値シミュレーション10回分のダイナミクスを示した．

---

[7] 動的平衡：あるダイナミクスが変動しつつも，平衡状態を保っている状態．

化に伴う交配成功率の低下の影響が大きくなるため，遺伝子流動の効果が弱まり，種分化が再び加速される．種分化ダイナミクスが転換点で加速されてから状態Bに到達するまでの時間は，動的平衡にとどまっている時間と比較すると非常に短い．そういった意味で，断続平衡説のようなパターンが結果として出現していることになる．ここで重要なのは，種分化の転換点はモデル内で独立に定義されたパラメータとしての閾値ではなく，今回仮定した変異・移住・交配成功率の低下という生物の特性の組み合わせから自然に出現する閾値であるという点である．つまり，進化を駆動する要因一つひとつが漸進的であっても，種分化が加速することで，新種が急に誕生するダイナミクスが現れる（Yamaguchi & Iwasa, 2017）．

　種分化の転換点には，上記以外にも有力なメカニズムがある．Flaxman *et al.*（2014）は，環境適応に際して自然淘汰を受ける複数の遺伝子座上の対立遺伝子が，集団間の交雑と組換えを経て，各集団で異なる独自のセットとして蓄積するとした．もともとゲノム上で個別に作用していた対立遺伝子が，各集団に有利な独自の対立遺伝子セットを形成することで転換点に至り，組換えが起きなくなることで，結果的に集団間で強力な生殖隔離として機能する．このメカニズムにおいても，組換えという確率的なメカニズムによって種分化の加速フェーズが出現するのである．また，種分化の転換点に到達以降でもそれ以前の平衡状態まで戻ることは可能であるが，これも確率的なイベントである．移住率が大きく上昇するような環境変化があった場合には，転換点を超えて分化の進んでいた集団間でも同種相当まで巻き戻されてしまう可能性があり，**種分化反転**（speciation reversal）という（**Box 5**）．

## Box 5　種分化反転

　種分化反転とは，種分化逆転または逆転種分化とも呼ばれる現象で，これは2つの異なる種が再度同じ種に戻る，もしくはそれに近い状態になる現象を指す．特定の環境条件下で，異なる種間の交雑が発生し，その結果として生じた雑種個体が繁殖可能で遺伝子流動を促進する場合，これらの種は再び統合される可能性があるのだ．この現象の主な原因としては，地理的な隔離の解消や環境変動によって交雑の可能性が高まる場合がある．トゲウオの仲間の例では，1970年代から1990年代前半までは交雑個体が全体の1％しか観察されなかったのに対し，1997年には17％に上昇，その後2002年には2種が形態的に見分けがつかないほど種分化反転が進んだ状況となった（**図**；Seehausen, 2006）．

　種分化反転は，生物の進化や生態学的な相互作用，そして生態系のダイナミクスに影響を与えるため，保全生物学の観点からも，絶滅危惧種の保護や生物多様性の維持にかかわる重要なテーマとなっている．

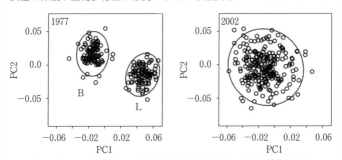

図　バンクーバー島のイノス湖に生息する2種のイトヨの種分化反転
各軸は形態的な要素を示しており，1977年には2つのクラスター（形態的な種）に分かれていたのが，2002年には区別がつかなくなっている．各点は1個体の形態測定値に対応し，円で囲まれた部分は集団の95％を含む領域を表す．
Seehausen（2006）より改変．

54

　ここまで種分化の転換点に関する理論を概説したが，実証研究の
データにはどのように応用することが可能だろうか．転換点の存在
を野外の研究において検出した例では，Riesch *et al.*（2017）によ
るチビナナフシ *Timema* を用いた研究が知られている．個体群に
おいて各集団ペアで計算した遺伝的分化度を小さい順に並び替える
と，あるところで大きなギャップが見つかり，これが同種と別種の
境界に対応している．未記載種を含むような "species complex" で
は，複数集団が遺伝子流動でつながった構造になっていることが多
いため，転換点を超えた集団のペアと転換点前の平衡状態を保って
いるペアで異なる遺伝的距離のクラスターを形成することが期待さ

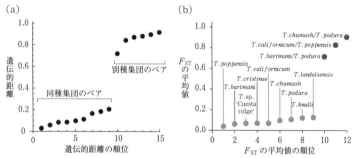

**図 3.9　複数の近縁種を含む個体群のゲノムデータから算出される，遺伝的距離のパ
ターンの一例**

種分化ダイナミクスに転換点が含まれていた場合，遺伝的距離は同種集団のペアと別
種集団のペアにクラスタリング[8]し，両者の間にはギャップが生じる．左図 a は島モ
デルを用いた理論の結果であり，右図 b はチビナナフシ *Timema* を対象とした実デー
タの結果（Nosil *et al.*, 2017 を改変）．右図 b は $F_{ST}$ と呼ばれる指標を用いて集団間の
遺伝的分化度を計算し，左図 a と同様に小さい順に並べている．最後の 3 点が別種と
見なせるレベルの関係とする分類学の知見とも合致する．

___

[8]　クラスタリング：似たもの同士をグループ化することを指す．データ解析の文脈で
　　は，似たデータポイントをクラスター（集合）としてまとめること．これにより，
　　データのパターンや傾向を見つけることが容易になる．

れる（**図 3.9**）．しかしこれらの研究では，幅広い集団からのサンプリングが必要であるなど未解決の課題も多く，そのほかの分類群で種分化の転換点がどれだけ支持されるメカニズムであるかを判定するには，今後のさらなる研究が必要である．

　複数の漸進的なプロセスから出現する転換点を経由する場合，種分化の加速前の段階で，ゲノム上の突然変異蓄積や生殖隔離の強度などにその予兆が現れると考えられている．今後，種分化速度研究を実証・理論の両側面から進めることで，現在観察している集団間の生殖隔離が今後どのように変化するかという予測が可能になるかもしれない．このように，種分化の転換点には要因の検討から分化速度の予測まで，幅広いテーマでの研究の可能性が残されている．静的な種分化の閾値ではなく，非線形な種分化ダイナミクスに着目した種の境界の解析が，今後さまざまな分類群で実施されることが望まれる．

# 環境適応と種分化

## 4.1 進化を目撃する

　進化生物学は，生物の多様性や適応の秘密を解き明かす学問である一方，過去に何が起きたかを直接見ることはできない．歴史学や地質学と同じように，進化生物学は時間の矢の非対称性によって，常に困難に直面している．タイムマシンでもない限り過去に戻って直接観察することは不可能であり，現在の観察から過去の出来事を推測することが基本方針である．

　ダーウィンもまた，この困難を克服するために苦しんだ一人であった．ダーウィンは自身の理論を検討するにあたり，自然界や化石記録から得られる標本だけでなく，当時としては珍しい実験科学の手法も駆使している．彼は自宅の庭や書斎で，植物や動物の生態や行動に関する多くの実験をおこなっていた．たとえば，種子が海流に乗って島々に分散する可能性を示すために，海水に浸した種子が発芽するかどうかを調べたり，形質の不連続性を見るために植物や

ハトの交配実験を繰り返したりした．しかし，ダーウィンの最も偉大な発見である自然淘汰による進化については，彼は一度も実験をおこなわなかった．ダーウィンは進化が非常に遅いプロセスであると考えており，『種の起源』の一節においても，「長い年代が経過するまで，ゆっくりと進むその変化に我々が気づくことはない」と記している．進化実験の結果を得るためには何千年も何万年も待たなければならないと思っていたのだ．

　ダーウィンが知らなかったことの1つとして，進化が必ずしも遅いプロセスとは限らないことが挙げられる．現代の進化生物学者は，短期間で観察可能な進化現象をいくつも発見している．抗生物質や殺虫剤に耐性をもつ細菌や昆虫，都市環境に適応した鳥類や植物がそれにあたる．身近な例として，2020年から続く新型コロナウイルス感染症の原因ウイルスであるSARS-CoV-2は，次々と新しいタイプに置き換わり，性質が変化した．これは進化がリアルタイムに起きる具体例として人々の記憶に新しい．このように生物は，自然淘汰や突然変異などのメカニズムによって，わずか数世代〜数十世代で進化を遂げていくことがある（**Box 6**）．これらの進化現象は，実験室や野外で実験的に検証できる．そしてその進化の先には，種分化も待っているに違いない．もしかすると新種の誕生を目撃することも可能なのではないか．本章では，実験を通して研究する生殖隔離や種分化プロセス，そしてそれらを説明する理論を紹介する．舞台は，カナダのバンクーバーにあるブリティッシュコロンビア大学である．

---

## Box 6　自然淘汰による進化

　自然淘汰は，個体の表現型に遺伝する変異があり，その変異が個体にとって有利か不利である時に起こる．ダーウィンやウォレスが主張

したように，世代を重ねるごとに自然淘汰は決定論的な進化を引き起こし，その変化はしばしば適応的な結果として解釈される．ここでは集団内の対立遺伝子の頻度変化を例に，自然淘汰のはたらきを数理モデルで理解してみよう．

ある個体のもつ繁殖成功度，つまり何個体を次世代の子孫として残せるかを適応度と呼ぶ．これは，実際に個体が生まれてから性成熟するまでの生存率，そして交配に成功し，種子や卵などとして子供を残し，その子供が再び繁殖可能な齢まで生存するまでのすべてのプロセスによって影響を受ける．また，ある遺伝子型の個体の適応度を集団の平均適応度で割ったものを相対適応度という．準備として淘汰係数 ($s$) を導入し，各遺伝子型の適応度が集団の基準となる平均適応度とどれだけ異なるかを示す量と定義しよう．たとえば，$s = 0.01$ の場合，該当する対立遺伝子をもつ個体の適応度が 1% 増加することを意味する．

Box 4 と同様に，1 遺伝子座 2 対立遺伝子のライト・フィッシャーモデルを考える．遺伝的浮動のみの計算と異なるのは，親が交配して子孫を残す確率がその適応度に比例すると考える点である．各対立遺伝子の組み合わせ (AA，Aa，aa) の適応度をそれぞれ，$W_{AA} = 1 + s$，$W_{Aa} = 1 + hs$，$W_{aa} = 1$ とおき，初期集団は aa のみで構成され，そこに A の突然変異が起きたとする．ここで $h$ は変異対立遺伝子の優占度を決定する係数である．単純に $0 < s$ かつ $0 < h \leq 1$ の範囲を考えると，A をヘテロまたはホモでもつ個体は aa よりも相対適応度が高く，次世代の遺伝子プールに貢献する確率が高い．このプロセスを繰り返し計算していくと，図 1 のように対立遺伝子 A の頻度が決定論的に上昇し，固定に近づいていくダイナミクスが描かれる．ただし，集団サイズが非常に小さい場合は，遺伝的浮動の効果によって偶然に消失することもある．

初期頻度 $p$ からスタートした突然変異の固定確率 $\pi(p)$ は，$h = 1/2$ の不完全優性の時，数学的に以下のように定式化されている (Kimura, 1962)．

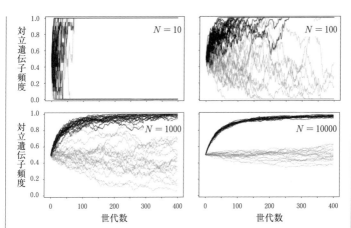

図1　自然淘汰は小集団よりも大集団ではたらく

AA 個体の適応度が aa より 5%($s = 0.05$) 高い例を示す（黒線）. 対立遺伝子頻度は, 自然淘汰と遺伝的浮動の両方の効果を受けながら変動する. 灰色線は $s = 0.0$ の中立な場合のダイナミクス.

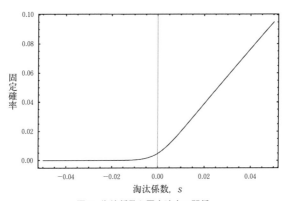

図2　淘汰係数と固定確率の関係

式 (1) で表される固定確率を $N = 100$ として計算した. $s = 0$ の時, 固定確率は $p = \frac{1}{2N} = 0.005$ となっている.

$$\pi(p) = \frac{1 - \exp(-4Nsp)}{1 - \exp(-4Ns)} \qquad (1)$$

$p = \frac{1}{2N}$ としてこの式を計算すると**図2**のようになり，$s$ が大きいほど固定しやすいものの，$s$ が 0 未満の有害な突然変異の場合でも，小さいながら固定する確率があることがわかる．また，特に $s = 0$ の場合は固定確率が $p$ と一致する．$Ns$ の値が大きければ大きいほど，つまり，集団サイズが大きく淘汰圧が強いほど，突然変異のダイナミクスは決定論的にふるまうため，自然淘汰が予測可能な方向に進化を駆動することがわかるだろう．ちなみに，「最適者生存 (survival of the fittest)」という言葉は，ダーウィンではなく哲学者ハーバート・スペンサーの造語である．

## 4.2 生態的種分化

　研究を進めていると，国際学会や共同研究など，海外で活動する機会を得ることが多くなる．新しい土地と人々との交流は刺激的であるし，日本という島国から飛び出してみると，地域ごとに異なる固有の生物相を見ることができるのも感動的である．実験的手法を用いる種分化研究は，世界の研究機関ごとに題材としている生物が違い，その土地の特色を活かしている．ブリティッシュコロンビア大学は世界でも有数の種分化に関する研究拠点であり，筆者も大学院生や博士研究員の期間を合わせて 2 年以上研究滞在する幸運に恵まれた．

　ブリティッシュコロンビア大学のキャンパスの南端を上空から見下ろすと，20 個の長方形が並んでいる場所を見つけることができる．縦 25 m ×横 15 m の大きさで 4 列に並んだ区画は水を湛え，一方が深く，もう一方が浅くなっている．深い側の水深は 6 m に達する．この実験池はドルフ・シュルーター率いる研究室が管理してお

**図4.1　ブリティッシュコロンビア州におけるイトヨの二型**
左がパクストン湖，右がクエリー湖．どちらの写真も体サイズの大きな個体が底生型
で，小さい個体が沖合型である．すべてメス個体．写真はKen A. Thompson博士提
供．

り，トゲウオ科のイトヨ *Gasterosteus aculeatus* を題材に種分化
研究をおこなっている．ブリティッシュコロンビア州には多くの湖
沼が点在しており，1つの湖の中に2つの異なる「型（タイプ）」と
呼ばれるイトヨが生息する．1つは沖合型と呼ばれ，太陽光の届く
比較的浅い場所に生息し，浮遊性のプランクトンを餌とする．もう
一方は底生型と呼ばれ，体サイズが大きく，大型の底生生物を捕食
する（**図4.1**）．実験池は建設と初期設定を除けば自然状態である．
テクサーダ島にあるパクストン湖という場所から，土壌や植物，無
脊椎動物が持ち込まれており，適応，行動やそのほかの形質に関す
る実験を自然に近い状態で実施することができる．

　2つのタイプのイトヨは，さまざまな湖で独立に進化したと考え
られている．同じ環境さえ提供されれば，生物の進化は同じ道筋を
辿る，という一例にもなっている．北アメリカでは氷河が後退した
のちに多くの湖が形成され，その際に海洋型と呼ばれる海に生息す
るイトヨが淡水域に定着することで，図4.1に示すような二型に分
化したとされる．はたして，この二型は別種と呼ばれるレベル，つ

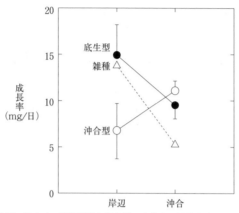

図 4.2　底生型の生息する岸辺環境と沖合型の生息する沖合環境での相互移植実験
各点は平均 ± 標準誤差を示す. Schluter (1995) を改変.

まり種分化したといえるだろうか.

　それぞれが生息する環境に着目すると，異なる餌に対して適応していることがわかる. 体サイズが小さいほうがプランクトン捕食に有利であり (Schluter, 1993)，そのような沖合環境では，底生型の適応度は低下する. 異なる環境に適応していると思われる集団同士の環境を入れ替えて適応度を測定することを，相互移植実験という. 本種については綺麗なトレードオフ[1]が見られる. **図4.2** は，適応度の 1 つの要素である成長率について，相互移植実験をおこなった結果であり，沖合型は沖合環境で，底生型はその生息環境である岸辺において成長率が高い. また交雑によって生み出された雑種個体をテストすると，どちらの環境においてもそれぞれに特化して

---

[1]　トレードオフ：ある特定の性質や機能が向上すると，ほかの性質や機能が低下する現象.

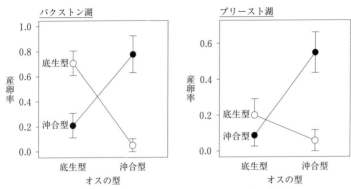

図4.3　2つの異なる湖の集団を用いた同類交配実験

各オスの型に対するメスの産卵率をプロットしている．各点は平均 ± 標準誤差を示す．Nagel & Schluter（1998）を改変．

いる親種より成長率が悪い．つまり，接合後隔離が進化していることがわかる．さらに，メスがどのような交配相手を選ぶか，同類交配の程度を調べてみると，沖合型同士，あるいは底生型同士の組み合わせで産卵まで至る確率が高い（**図 4.3**）．例外として，雌雄の体サイズが近い時のみ，異なる型の間での交雑が成立する（Nagel & Schluter, 1998）．

このように，「異なる環境に適応した結果として，遺伝子流動の低下を招く生殖隔離が進化するプロセス」のことを**生態的種分化**と呼ぶ．イトヨに限らず，2,000 年頃から多くの具体例が見つかっており，自然淘汰が駆動する種分化の代表例として注目を集めている．一方で，比較的短期間での適応によって一部の生殖隔離機構が進化している場合が多いため，種分化は完了しておらず，自然環境下でも交雑が観察されるような集団のペアも多い．

## **4.3** 適応度地形理論

上述のイトヨの例に代表される生態的種分化を考える上で役立つ，**適応度地形**の概念的枠組みを紹介しよう（**図 4.4**）．この理論は，ライトが遺伝子型の観点から初めて構築し（Wright, 1932），その後シンプソンによって表現型を扱うコンセプトに拡張された（Simpson, 1984）．基本的なアイデアは図 4.4 に示されるように，適応度地形は 2 次元の平面の上に描かれた凸凹で表される．南北と東西の軸は，餌やその他の資源を利用するための 2 つの形質の違いを表している．この平面と直交する縦軸は適応度を示す．着目する形質の数はここでは 2 つとしているが，1 つでも 3 つ以上でも問題ない．重要なのは，資源の非一様な分布やそれらを利用する形質値の最適な組み合わせによって，適応度地形には適応度のピークが存在することである．適応度地形において，集団は自然淘汰に駆動されて適応度のピークへと登る．そのため，2 つ以上のピークがある

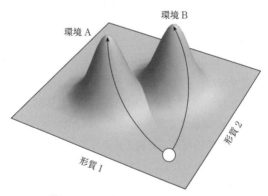

**図 4.4 2 つのピークがある適応度地形の例**

白丸は祖先集団の位置を表し，進化に伴って徐々に山を登っていく．環境 A と環境 B では最適な形質 1 と形質 2 の組み合わせが異なる．

場合には，それらの間に谷が位置する（図 4.4）．ライトはこの谷を横切るためには遺伝的浮動が必要であると説明した．

　適応度地形のコンセプトを種分化の文脈に適用してみよう．できたばかりの島や湖のように，利用可能な環境が複数ある場合，祖先集団は突然変異を蓄積することでそれぞれの環境に適応していく．この際，1 つの突然変異で一気に環境適応を完了することは稀であり，一般的には複数の突然変異を蓄積しながら適応度地形を登っていく．また，基本的に 1 つのピークには 1 種が対応することが多い．ある形質について描いた時に，複数種が同じピークにいる場合は，他の形質要素で見ると別のピークに存在している．特に近縁種同士の場合，各餌のニッチ（適応度地形のピーク）に 1 種のみが存在するという事実は，競争排除の証拠である．さて，2 つの環境にそれぞれ適応した集団間で交雑が起き，中間の形質値をもつ雑種個体が生まれた場合はどうなるであろうか．図 4.4 に示されるように，環境 A と環境 B の違いが大きくなるほど，ピークの間には深い谷が存在することになり，雑種個体の適応度はこの谷に落ちる．つまり，適応度が親種と比べて低下する生態的種分化として捉えることができる．

　適応度地形にはさまざまな種類があり，第 3 章で扱った図 3.1 や図 3.3b も適応度地形の一種である．**図 4.5** には種分化に関係のある，少し複雑な適応度地形の例を示した．起伏の激しいギザギザとした適応度地形（図 4.5a）にはたくさんのピークがあり，**適応放散**[2]に代表されるような生態的種分化の繰り返しが説明できる．一方で比較的フラットな図 4.5b では，ほとんど適応度に差のない，

---

[2]　適応放散：共通の祖先から派生した生物が異なる環境や生態的なニッチに適応することで，異なる形態をもつ多様な系統（種）が出現する進化的なパターン．

(a) (b)

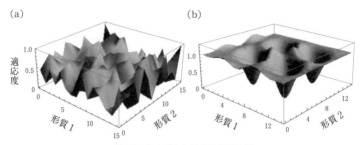

**図 4.5　さまざまな適応度地形の例**

左図 a はピークがたくさんある起伏の激しい地形であり，右図 b は大きな穴が複数空いている地形である．それぞれがどのような種分化メカニズムに対応するかは本文参照．山口（2019）を改変．

いわゆる中立に近い進化でさまざまな形質が進化しうる一方，異なる形質セットをもつ個体の間で交雑が起きると，深い適応度の谷に雑種個体が落ちてしまう．これは第 3 章で扱ったドブジャンスキー・マラー型不和合性を，遺伝子型ではなく形質空間で捉え直したものと考えることができる．

　最後に，適応度地形は静的ではないことにも留意したい．環境が変われば適応度地形もダイナミックに変化するのである．この変化を強調するため，メレルは，適応度を最大とする配置が絶えず推移し続ける様子を指して「適応度海景」という言葉を用いた（Merrell, 1994）．島でも湖でも，祖先種が到着した時点では，おそらくすべての適応度ピークが存在していたわけではない．新たな植物や節足動物が定着するにつれて，ピークの数も増加したのである．複数の資源が増加や減少，またはその比率を変えるにつれて，ピークの高さが増減し，その位置を変える．さらに新たな資源の増加や種間相互作用の変化によって変形し，新たなピークが出現したり，1 つのピークが 2 つに分裂したり，反対にすべて消えてしまったりすることもあるだろう．

## 4.4　フラスコの中の種分化

　もう一度ブリティッシュコロンビア大学に話を戻そう．イトヨの種分化研究をおこなうドルフ・シュルーターのオフィスから出た向かい側には，数理モデルと微生物の進化実験を専門とするサラ・オットーのオフィスがある．いつも賑やかに学生との議論が聞こえてくるのが2人の部屋の共通点だ．

　微生物とは，肉眼では観察できず，顕微鏡などによって見ることのできる小さな生物の総称である．人類と微生物のかかわりは古く，パンやビールなどに代表される発酵食品には微生物が利用されている．古代エジプトの壁画にはすでにビール造りの様子が描かれている．微生物は地球上のありとあらゆる環境に適応して生息し，私たちの身のまわりにも相当数が存在している．空気中には1Lあたり $10 \sim 10^4$ の細菌や胞子が飛び交い，テーブルやヒトの皮膚にも，表面 $1\,\mathrm{cm}^2$ あたりに $10^2 \sim 10^3$ の微生物が存在する．1gの土壌中には $10^8 \sim 10^9$ ほどの微生物が存在するといわれている（中村ら，2019）．

　今回紹介する出芽酵母 *Saccharomyces cerevisiae* は（図 **4.6**），もう1つ人類に重要な貢献をしてきた．分子生物学のモデル生物となったのだ．これまでに登場した他の微生物とは違って，酵母は真核生物であり，ヒトと同様，細胞内に独立した1つの核をもち，その中にDNAを保持している．全ゲノム配列も解読済みであり（約6,000遺伝子），酵母のもつ生物学的特徴は，ヒトやその他の大型生物と関連が深い．微生物を対象にした進化実験の真髄は，ヒトの視点で見て短い期間に，多数の世代にわたる進化を詰め込める点にある．たとえば，大腸菌を対象とした研究では6万世代にわたる実験をおこなっているが（早いといっても数十年はかかる），これを他

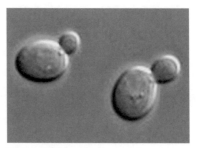

**図 4.6 出芽酵母 *Saccharomyces cerevisiae***
2 種類の接合型と呼ばれる "性" が存在し，各型特有の性ホルモンを互いに感知することで，接合を開始する．通常は，写真に見られる出芽を繰り返すことにより分裂して増殖する．

のモデル生物であるショウジョウバエでおこなうには 1,000 年，マウスでは 1 万年かかる．種分化研究にあたっては，生殖隔離を測定する上で，有性生殖をおこなう生物を対象としたい．大腸菌は有性生殖をおこなわないが，酵母は細胞間で交配する生殖様式を有する．実験室で簡単に操作でき（直径約 5 μm），増殖が速い（1.5〜2.5 時間）ことから，種分化研究のための進化実験にうってつけなのである．

　オットー率いる研究室では，酵母を非常に厳しい環境に晒すことで，どのような進化が誘起されるかという進化実験をおこなっている．工業地帯を模して高濃度の金属イオン環境を用いたり，ナイスタチンと呼ばれる殺菌剤への耐性獲得について調べたりする実験で，進化学とヒト社会とのつながりが想像できるような設計である．進化実験では，対象生物にとって通常は自然界に存在しない環境が与えられるため，対象生物は高確率で絶滅してしまう．ナイスタチンへの耐性獲得実験では，遺伝的に均一な酵母の祖先集団を独立に数百用意する．そして実際にナイスタチンに晒されても生存し

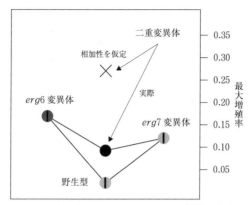

**図 4.7　出芽酵母を用いたナイスタチン耐性獲得実験**
野生型の適応度（最大増殖率）を基準として，各変異個体（*erg6* と *erg7*，両方の変異をもつ二重変異体）がどれだけ上昇したかプロットした．二重変異体の適応度が単に単一変異体の足し合わせだと仮定すると，クロスマーク（×）の適応度となる．Ono *et al.*（2017）を改変.

た集団を，耐性獲得集団として選抜し，どのような突然変異が獲得されたのか解析していく.

　ナイスタチンへの耐性獲得にあたっては，特定の代謝経路に突然変異が入りやすいことがわかっている．エルゴステロールは，菌類の細胞膜に存在する脂溶性物質の一種で，殺菌剤への防御としてはたらく．この物質の代謝経路に突然変異が入るのだ．突然変異の候補は複数あるが，まずは 1 つだけ突然変異が起きて集団内に広がったと考えよう．**図 4.7** に示すように，独立に進化した各変異個体（*erg6* と *erg7*）は，祖先株（野生型）に比べて最大増殖率が増加しており，薬剤存在下でも生存・増殖が可能である．では，*erg6* と *erg7* の 2 つの変異を両方もつ二重変異体の増殖率はどうなるだろうか．単純に考えると，増殖率を上昇させる変異を 2 つもつのであるから，それらが足し合わさってさらにナイスタチン環境

でのパフォーマンスは上昇するはずである．しかし，実際の二重変異体の増殖率は，どちらの単一変異体よりも低かった (Ono *et al.*, 2017)．これは，親集団よりも雑種個体の適応度が低い状況であり，接合後隔離がある程度存在すると捉えられる．イトヨの生態的種分化では，2つの親集団が異なる環境へ適応したのに対し，酵母の親株である2集団は互いに全く同じ環境へ適応している．同じ環境に適応するには，最適な形質のセットも同じはずであり，2集団の間に適応度の谷は存在しない．では，なぜ雑種の適応度は下がったのだろうか？

## 4.5 突然変異順位種分化

異なる環境への適応が生殖隔離に結びつく生態的種分化に対して，同じ淘汰圧を受ける2集団が異なる適応的な突然変異を蓄積することで，それらの間での雑種個体の適応度が低下することがある．これは，各集団が同一の遺伝的条件から出発して同じ適応度地形の頂点に至る場合にも，適応にはさまざまな遺伝的経路がありうることが原因だと考えられており，**突然変異順位種分化**と呼ばれる．親集団が適応後に表現型として全く同じであったとしても，適応を実現するために蓄積した突然変異が異なり，それらを併せ持つ雑種個体の形質は親集団と比べて適応度地形の頂点から離れる，という理屈だ．この節では，実際にそのような種分化が起きるか，数理モデルを用いて検討してみよう．

適応度地形を登る集団の進化を考える際，一気に頂上に到達するのではなく，複数の突然変異を蓄積して適応が進むと考える．表現型に対する突然変異の効果量 (mutation effect size) は，実際に起きる変異によって異なるが，一般に効果の小さなものが多いとされる．着目する生物種や形質，環境によってその分布は大きく異なる

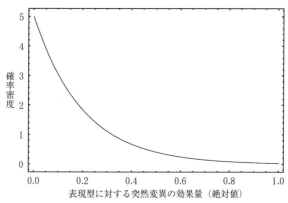

図4.8　ゲノム中に存在する突然変異が表現型に及ぼす効果の絶対量の確率密度関数の例（ここでは指数分布を仮定した）

が，ここではランダムに起きた突然変異の効果量が指数分布に従うと仮定しよう（**図4.8**）．ゲノム中には効果の小さな変異がほとんどであり，急激に形質を変化させる変異は稀であるというのは直感的である．

　次に，上記で仮定したようにランダムに起きる変異が，集団中で有利であるか，つまり適応度地形を登るのに役立つ有益な変異であるかを考える．これは，適応度地形の頂点から現在の集団がどの程度離れているかという値 $d$ と突然変異の効果量 $r$ の関係に依存する．**図4.9**は突然変異の効果量 $r$ の絶対値と適応度頂点までの距離 $d$ の関係を示しており，$r < d$ または $d \leqq r < 2d$ であれば，ランダムな変異により初期値 $P_0$ よりも頂点 $O$ に近づくことができる．一方で，$r > 2d$ の場合は，どんな突然変異であっても $P_0$ の時より頂点から遠ざかってしまう．つまり，適応の序盤で $P_0$ が $O$ から遠い時は大きな効果をもつ変異の蓄積が許されるのに対し，適応が進み $d$ が小さくなるにつれて，効果の小さな変異の蓄積のみが許され

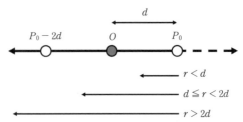

図 4.9　1 つの形質に着目した時の突然変異の効果量 $r$ と適応度頂点までの距離 $d$ の関係性

$P_0$ が現在の表現型値であり，最適な値は $O$ である．現在の集団は最適な値よりも大きいため，さらに大きな値をもたらす変異（点線方向）の効果は常に有害である．簡単のために，適応度の値は $O$ を挟んで対称であると仮定した．

る．このような適応度地形上での進化プロセスをフィッシャーの幾何モデルといい，形質を複数考えて多次元に拡張することができる（**Box 7**）．

フィッシャーの幾何モデルによる進化ダイナミクスは**図 4.10** の

---

## Box 7　フィッシャーの幾何モデル

　2 次元形質空間の適応度地形ではどのような変異が有利となりうるのか，幾何学的に考えてみよう．$P_0$ が現在の表現型の値であり，最適な値は $O$ とする．$O$ から離れれば離れるほど，適応度は低下していくため，最適値までの距離 $d$ が小さいほど適応度が高い．ここで，効果量 $r$ をもつ突然変異が起きたと仮定する．この突然変異は，2 つの形質のどちらにも同時に影響を与える（多面発現する）変異だとしよう．**図 a** のように，$r < d$ であれば $O$ に近づくことが可能であるが，1 次元の場合（図 4.9）と異なり，突然変異の向きが重要となってくる．つまり，突然変異が固定した後の形質値が，$O$ を中心とする半径 $d$ の円の中に収まっていればよい．その範囲は $\beta$ で示されており，この角度に突然変異の方向が収まる確率は $\frac{\beta}{2\pi}$ である．**図 a** の例では $\frac{\beta}{2\pi} \approx 0.3$ であり，効果量 $r$ をもつ突然変異は不利である可能性のほうが高い．

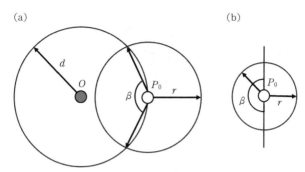

**図　2次元空間上における形質進化と変異の効果量**

形質の最適値を $O$，初期値を $P_0$ とする．（a）変異の効果量が最適値までの距離より短い場合：$r < d$．この効果量をもつ変異が有利である確率は $\frac{\beta}{2\pi}$ である．（b）$r$ が $d$ に比べて非常に小さい場合に，最適値 $O$ を中心とする半径 $d$ の円周上において拡大してみると，初期値 $P_0$ は直線上にあると近似することができる．

　もう1つ極端な例として，効果量 $r$ が限りなく小さい場合を考えよう．ゲノム中には非常に小さな効果をもつ変異がたくさんあるのだとしたら，このような思考実験には価値があるはずである．さて，表現型の初期値 $P_0$ は $O$ を中心とする半径 $d$ の円上にあるが，この $P_0$ を真ん中にしてどんどん拡大していくと，円弧がほぼ直線に見えるようになる．このようなごく狭い範囲に収まる効果量 $r$ の突然変異を描いたのが図 b であり，$\frac{\beta}{2\pi} \approx 0.5$ であることがわかる．つまり，非常に小さい効果をもつ突然変異は，有利である確率と不利である確率が 50% ずつだということになる．

　効果の小さな突然変異は非常に多いが，有利だったとしてもその淘汰係数 $s$ は小さく，固定確率は低い．一方で，効果量の大きな突然変異はゲノム中に少なく，発生したとしても有利である確率も限られているが，もし有利であればその淘汰係数 $s$ は大きく，固定確率は高い．これらの知見を総合すると，中程度の効果量をもつ変異が，ほどほどの発生頻度と固定確率で進化を駆動しやすいのかもしれない．

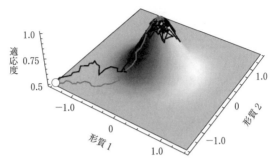

**図 4.10　2 次元形質空間の適応度地形に基づく数理モデルによって再現された適応の過程**

遺伝的な背景が同一である 2 集団が始点（白点）から適応度のピークへ到達する様子を描いている．黒線の集団は灰色線の集団に比べて集団サイズが小さく，遺伝的浮動の効果を大きく受けている．最終的な表現型は類似しているが，それまでに獲得された変異はその進化経路に大きく依存するため，2 集団間の遺伝的な構成も異なる．

ように，複数の突然変異を蓄積しながら適応度の頂点に至る．表現型が（遺伝子型も）全く同じ独立な祖先集団からスタートして，異なる進化的経路を経由することで独自の変異を蓄積している．この独立に適応した親集団間で交雑した場合，雑種個体の表現型は頂点から離れ，結果的に適応度は低下する（Yamaguchi & Otto, 2020）．親種のもつ突然変異のセットはそれぞれ集団の進化の中で適応度を高めていった組み合わせであり，雑種個体の中で各親種の獲得した変異が組み合わさっても最適なものとはならないのである．生態的種分化は異なるピークへの適応であるため，雑種個体の適応度低下は主に適応度の谷に落ちることによって起きていたが，突然変異順位種分化では適応度の谷は存在しない（**図 4.11**）．前節の酵母の実験のように，適応が起きる原因となるはじめの一歩の突然変異が異なることで，同一環境でも種分化が起きうるのである．

　酵母やバクテリアを用いた適応進化実験では，生態的種分化およ

(a) 生態的種分化　　　　　　　(b) 突然変異順位種分化

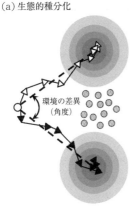
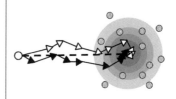

○：親集団の初期形質の位置
●：雑種個体の形質の位置
▷：親集団 A が蓄積した変異
▶：親集団 B が蓄積した変異

図 4.11　適応度地形モデルと 2 つの種分化メカニズム

(a) 生態的種分化は適応度地形上の異なるピークへの適応であり，(b) 突然変異順位種分化は同一環境への異なる変異による適応である．2 次元形質空間における適応度地形を等高線で示した．

び突然変異順位種分化がともに実証されている．たとえば，高い塩濃度と低いグルコース濃度はどちらも酵母にとって厳しい環境であり，かつ異なる方向への環境変化である．この条件下では，酵母も生態的種分化を遂げる (Dettman *et al.*, 2007)．一方，野外の非モデル生物の種分化では，過去に蓄積した変異の種類やその生起順序を完全に追うことはできない．自然環境下での種分化では「集団間の生態環境の違い」と「偶然獲得する変異の種類の違い」の両方が影響するため，種分化メカニズムは生態的種分化と突然変異順位種分化の間に位置すると考えるのが一般的である．

## 4.6　種分化の不死鳥仮説

　直感に反するように聞こえるかもしれないが，集団の絶滅リスクは，種の起源において極めて重要な要素となりうる．適応度地形を

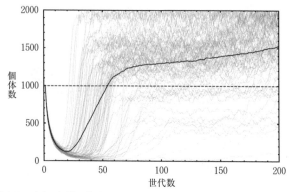

**図 4.12　適応の初期で絶滅リスクがある場合の個体群動態シミュレーション**
有利な突然変異を獲得し生存した，計 100 集団のダイナミクスのみをプロットした．
100 回分の生存集団を得るために，実際には 50 万回ほどのシミュレーションをおこな
っている．点線は初期個体数，黒実線はシミュレーションの平均値を示す．

登る進化プロセスを考える場合，初期集団は山の麓から出発するた
め，適応度が低い時間を長く経験するかもしれず，これは大きな絶
滅リスクである．実際に，適応度地形を登るにつれて増殖率が改善
するシミュレーションをおこなうと，適応の初期で集団サイズは大
きく低下し，絶滅寸前まで追い込まれる（**図 4.12**）．一方，その間
に有益な突然変異が起きた集団では個体数を増加させ，結果的に絶
滅から逃れることができる．絶滅を回避するには，ある程度大股で
山を登ること（効果の大きな突然変異を獲得すること）が必要にな
る．

　突然変異順位種分化を考える場合，親集団が効果の大きな変異を
蓄積した進化的背景をもっている場合のほうが，小さな効果量の変
異を蓄積した場合よりも雑種適応度低下の度合いが大きい．雑種個
体の表現型が頂点から離れる程度は，効果の大きな変異を組み合わ
せた時のほうが遠くまで離れてしまうのは直感的だろう．つまり，

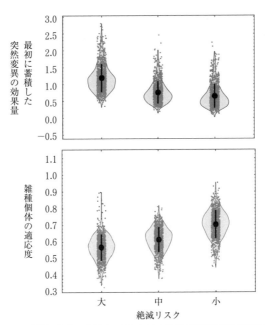

図4.13　3種類の異なる絶滅リスクにおける最初の蓄積変異と雑種適応度
各黒点は平均 ± 標準偏差を示す．Yamaguchi *et al.*（2022）を改変．

絶滅リスクが高い場合は大きな変異を獲得した集団が生存し，そうした集団間同士の生殖隔離強度は高くなる（**図4.13**）．このように，絶滅リスクが高ければ高いほど種分化可能性が高まることを，ギリシャ神話のフェニックスになぞらえて，**種分化の不死鳥仮説**という（Yamaguchi *et al.*, 2022）．ギリシャ神話のフェニックスは成鳥が寿命を迎えると灰になり，そこから新たな命が誕生する．環境適応が促進する種分化の裏には，必ず集団の絶滅リスクが潜んでいるのである．

　ここで注意しておきたいのは，種分化の不死鳥仮説はいわば “条

件付き"の仮説であるということである.高い絶滅リスクの状況下では,絶滅を回避した集団間には大きな生殖隔離が進化するだろうが,その背景ではほとんどの集団が適応できずに絶滅してしまうこともあるだろう.現存の生物も,過去に大きな環境変動や高い絶滅リスクを経験し,その際の適応が生殖隔離の進化に貢献しているのかもしれない.そのような種分化メカニズムが種多様性の根源であるならば,非常に高い絶滅率とつり合うだけの種分化が起きているはずである.あるいは,絶滅リスクが低くとも,ゆっくりと生殖隔離が進化することで,種の多様性がバランスしているかもしれない.過去にどれだけの絶滅が起きたのかの推定は難しいことに加え,絶滅リスク自体が種分化の速度に影響を与えることが,私たちの種の起源に関する理解をさらに複雑にしている.

# 交雑帯

## 5.1　種分化後の二次的接触

　複数の島に生息する生物を考えよう．ある集団の個体が，他のま
だ棲みついていない島へ飛んで行き，そこで定着することで，1集
団から2集団が形成される．その後，種分化が起きる一番単純なプ
ロセスは，地理的隔離が継続し，それに中立突然変異の蓄積（第3
章）や環境適応（第4章）が伴って形質の分化が生じ，生殖隔離が
進化することである．その後，種分化した集団同士の分布拡大や地
理的障壁の消失が起きれば，元は同種であった集団が長い時を経て
別種として出会うことになる（**図5.1**）．

　生殖隔離が不完全な近縁種の場合，互いに接する地域ではしばし
ば交雑が観察されることも多い．そのような地域を**交雑帯**と呼ぶ.
交雑帯は，個体群動態や環境適応，同類交配など，多くの要因から
成り立っており，古くから "自然の実験室（natural laboratories)"
として注目されてきた（Buggs, 2007）．出会った近縁種間で種分化

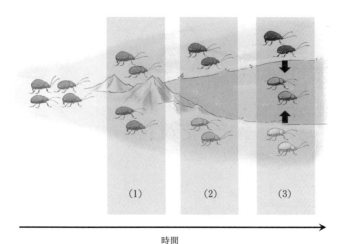

時間

**図5.1　異所的種分化と二次的接触のシナリオ**

(1)同一種の地理的分断により分集団が形成され，(2)互いに独立な変異の蓄積により遺伝的・形態的に分化する．(3)生殖隔離の進化した集団間が同所的に出会うことで種間相互作用や交雑の機会が発生する．（絵：田千佳）

が完了していない際には，これらの集団の間で遺伝子流動が発生する．それぞれのグループの分化が維持される場合や，1つの集団に融合してしまう場合など，さまざまなケースが研究されてきた．また，雑種個体が形成されなくても，種間相互作用によってさまざまな淘汰圧がはたらくため，互いのニッチ利用が重ならないように進化する形質置換や棲み分けといった現象も観察される．さらに近年では，ゲノミクスの進展により，交雑を起源とする第3の種の誕生（雑種種分化）に関する研究が展開されるなど，交雑帯における進化・生態学的帰結は非常に多岐にわたる．本章では，具体例とモデルを合わせて，この複雑な交雑帯で何が起きうるかについて概観しよう．

## 5.2　クライン

　ひとことに交雑帯といっても，近縁な2種の出会い方や共存方法によって，さまざまな形のものがある．**図5.2**には代表的な4つの例を示した．互いの種が複雑に入り乱れて分布している場合もあれば，比較的単純に一方向へ向かって規則的に移り変わる場合も見られる．特に，ある地域を一方向に調査して，一方の種から他方の種に移り変わっていくような交雑帯では，形質や遺伝子型の変遷が検出され，**クライン**と呼ばれる (Barton & Hewitt, 1989)．クラインの検出は至って簡単であり，交雑帯の形態学的特徴や遺伝子型に関するデータを収集し，それをグラフにプロットすればよい．たとえば，白色種と黒色種の鳥が分布の境界付近で交雑した場合には灰色

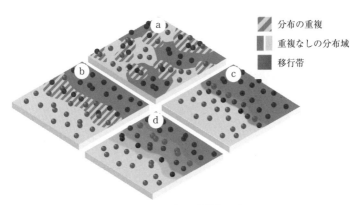

**図5.2　さまざまな交雑帯の形**
(a) 近縁な2種がパッチ状に同居したり，一方の種だけが存在したりなど複雑に分布している場合．(b) それぞれの種と交雑が見られる地帯が比較的はっきり分かれている場合．地理的な距離に対して，一方の種から他方の種に徐々に移り変わっていく際に，その移行帯が (c) 狭い場合と (d) 広い場合．濃淡の異なる2色の小さな丸は，それぞれ異なる集団に属する個体を表す．Westram *et al.* (2022) を改変．

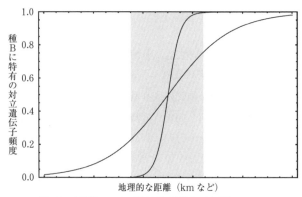

図5.3 交雑帯における対立遺伝子頻度の地理的クライン

グラフの左側は種Aが主に分布する地域であり，右側が種Bの主な分布域であるとする．グレーの部分は変遷が比較的急峻な場合のクラインの幅．もう一方の緩やかな曲線は，クラインの幅が広い場合．

の子孫を残すとしよう．トランセクトと呼ばれる現地調査に沿って鳥を観察し，羽の色を記録する．そのデータをグラフにすると，白い鳥（白い鳥の主な生息地）から灰色がかった鳥（交雑帯），そして黒い鳥（黒い鳥の主な生息地）へと変遷していくのがイメージできるだろう（**図5.3**）．

　面白いことに，このシグモイド型と呼ばれる曲線の形から鳥の生態がわかることがある．たとえば，灰色の雑種個体が親種と交雑すれば，さまざまな色の戻し交雑が起こるだろう．交配した親種によって，灰色より白いものもあれば，より黒いものもある．その結果，白からさまざまな濃淡の灰色を経て，黒へとスムーズに移行することになる．言い換えれば，クラインの幅が広いということだ．反対に，灰色の雑種個体が交尾相手を見つけることができなければ（どちらの親種からも潜在的な交配相手と見なされなければ），移行帯は灰色の個体数が少なく，白や黒の親個体が多くなる．その結

果, 白い羽から黒い羽への移行が急速に進み, クラインの幅が狭く
なる. まとめると, 急な曲線は近縁種間の強い生殖隔離を示唆し,
ゆったりとしたクライン曲線は弱い生殖隔離を示唆する. また, ク
ラインがどちらかにずれている場合は, 一方の種から他方の種へ非
対称な交雑を示唆する.

　1 遺伝子座 2 対立遺伝子を仮定した数理モデルによる予測では,
クラインの傾きはおよそ $\sqrt{s/\sigma}$ に比例することが知られている. こ
こで $s$ は雑種個体に対する淘汰圧であり, $\sigma$ は対象生物の 1 世代あ
たりの移動距離である (Mallet & Barton, 1989). $s$ は言い換える
と, 親個体に対して雑種個体がどのくらい相対的に不利であるかを
表しており, $s$ が大きいほどクラインも急峻になる. 一方で, 生物
の移動分散が大きい場合は, 1 世代で長い距離を移動するため, ク
ラインの傾きは小さくなり, その幅は広くなる.

　さて, クライン理論についてある程度理解したところで, ユーラ
シア大陸におけるツバメ *Hirundo rustica* の 3 亜種間の雑種地帯
を実例として見てみよう (Scordato *et al.*, 2017). ツバメは北半球
全域に分布し, 6 つの亜種に分化している (**図 5.4**). これまでの分
析から, ツバメはアフリカ原産 (亜種 *savignii* と *transitiva*) で,
そこから分散したものがユーラシア大陸に定着したとされる (亜種
*rustica* と *gutturalis*). およそ 25,000 年前, アジアの *gutturalis*
がベーリング海峡を渡って北米に分散し, 亜種 *erythrogaster* へ
と分化した. その後 (およそ 1 万年前), 北米からシベリアに再び
分散し, さらに, 亜種 *tytleri* が分化した. 研究者たちは, 2 つの
交雑帯で交雑する 3 つのユーラシア亜種 (*rustica*, *gutturalis*,
*tytleri*) に焦点を当てた. 両方の交雑帯 (*rustica-tytleri* のペア
と *tytleri-gutturalis* のペア) について, 翅の長さや胸の色などい
くつかの形態学的特徴と遺伝データについて調査し, クラインを構

84

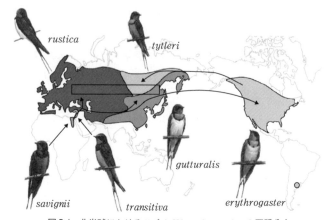

**図 5.4　北半球におけるツバメ *Hirundo rustica* の亜種分布**

ユーラシア大陸の四角で囲まれた部分が交雑帯研究のサンプリング地域である.
Scordato *et al*. (2017) を改変.

築した. *rustica-tytleri* の交雑帯におけるクラインは急で狭かっ
たが, *tytleri-gutturalis* のクラインはかなり広かった. このこと
は, *rustica-tytleri* 間には, *tytleri-gutturalis* の間よりも強い生
殖隔離があることを示唆している. 実際に, 前者 2 亜種間の雑種や
戻し交雑は少なかったことが調査から判明している.

## 5.3　生殖隔離の強化

　交雑帯の進化的帰結に関するもう 1 つの有力な仮説として, ある
程度分化した集団同士が, 種分化の完了前に分布の拡大によって
相互作用するシナリオを考えたい. 接合前・接合後のどちらの生殖
隔離機構も不完全な状態で 2 集団が出会ったとすると, 交雑が起
き, その交雑起源の子孫は生存率が低いかもしれない. このような
状況では, 交雑を避けるような性質をもつ個体が有利であり, 結果
として接合前隔離が "**強化**" される. 強化とは, 同所的な 2 種の雑

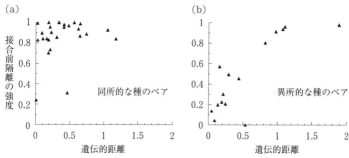

**図 5.5　ショウジョウバエの近縁種ペアを用いた生殖隔離の強度**
遺伝的距離は値が大きいほど分化からの経過時間が長いことを示している．左図 a は
同所的に生息する近縁種のペアについて，右図 b は異所的な種のペアについて示して
おり，1 つのデータ点は 1 つのペアを表す．Coyne & Orr (1997) を改変．

種に不利にはたらく淘汰の結果として，繁殖形質の差異が促進され
ることである．ドブジャンスキーは，共存する種間に見られる大き
な形質差は，次の意味で種分化の最後の段階に進化すると提唱した
（Dobzhansky, 1937）．2 集団のうちで互いに最も似た個体は時とし
て交雑し，それによって生まれた雑種個体は比較的不適応である
ことが多く，淘汰がはたらくのである．ショウジョウバエの複数の
近縁種ペアを用いた実験では，性的隔離・雑種致死・雑種不妊の程
度を比較した．結果として，それぞれのメカニズムが進化するのに
100 万年程度必要であることを見出すとともに，異所的な近縁種ペ
アよりも同所的なペアで性的隔離の程度が著しいという，強化の証
拠を得ている（**図 5.5**; Coyne & Orr, 1997）．

　交雑の停止は種分化プロセスの完了を示しており，これは強化に
よる集団間の差異の蓄積によって達成されうる可能性がある．もし
交雑にともなう交配後の不利益があるならば，配偶者選択に影響す
る要素へは性淘汰がはたらくと考えられる．交配後の不利益とは，
交雑によって生まれた子孫個体が生存できなかったり，あるいは交

配相手を得られないこと，各集団内で交配するよりも残せる子孫数が少なく，相対的に不適応であったりすることを指す．やがて形質が十分に異なることによって，集団同士が同所的になった場合，一方の集団が他方を潜在的な交配相手として認識しなくなる．見た目などのシグナル形質とそれに対する選好性の分化は，交雑の停止につながる．

たとえば，シジミチョウ科 *Agrodiaetus* 属の例では，近縁種間で染色体数が著しく異なる．また，交尾器形状は形態的にほぼ同一であるのに対して，可視光と紫外光の両範囲においてオスの表翅の色が大きく異なる．この場合，異所的な種分化で染色体数の変異が蓄積（接合後隔離の要因）し，その後の二次的接触で "強化" によ

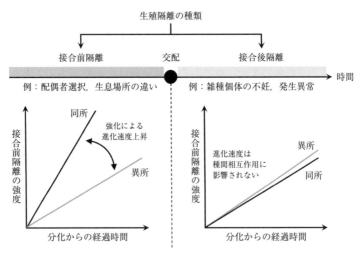

**図5.6 ２種類に大別された生殖隔離のメカニズムと進化速度**

接合前隔離は近縁種が同所的に相互作用することで強化されるため，異所的な集団間よりも進化速度が速い．一方，接合後隔離の進化速度は近縁種との相互作用に影響されない．

る進化（翅色の分化による接合前隔離）が起きた，というのがもっともらしいシナリオであった (Lukhtanov, 2005). **図5.6** に示すように，生殖隔離にはさまざまなメカニズムがあるが，集団が近縁種と相互作用したかどうかによって，接合前隔離の進化速度は大きく影響を受ける.

## 5.4　生態的・生殖的形質置換

　分化しつつある種間では種分化が進むにつれて，遺伝子流動の減少と自然淘汰によって，遺伝的な相違が広がってゆく．近縁種が出会った際に，あまりに生態的な形質が似ていると，資源をめぐる競争が激しいため，共存が難しい．このような状況で，一方あるいは両方の種の形質が互いに重なりにくいように進化することを**生態的形質置換**といい，共存を促進する1つのメカニズムとなっている (Slatkin, 1980). たとえばダーウィンフィンチ類において，嘴のサイズは日常の餌探しの際に道具として機能する形質である．嘴のサイズは，利用可能な種子サイズと対応関係があり，近縁種が存在することで特定の種子サイズをめぐる競争が激化する場合，多少小さい（あるいは大きい）種子を利用できる個体の生存率が相対的に高くなるため，次世代の平均嘴サイズが進化することで競争は緩和される．ガラパゴスフィンチの平均嘴サイズは近縁種であるオオガラパゴスフィンチの不在によって大きくなり，同所的に存在する場合には小さくなったのである (Grant & Grant, 2008).

　面白いことに，上記の例の嘴は，繁殖期には交配相手を探し出す際のシグナルの1つとしても機能する．繁殖期ではない時期に生態的な淘汰圧によって嘴の形質置換が起きると，その後の交雑機会は減少するかもしれない．嘴のサイズの変化によって，見た目はもちろんのこと，さえずりなども影響を受けることになる．もしこれが

正しいなら，生態的だけではなく，生殖的にも共存を促進していることになり，副産物としての**生殖的形質置換**ともいえるだろう．このように，生態的な分化を遂げる形質が繁殖にも利用される場合，通称 "魔法の形質（magic trait）" と呼ばれる．それだけ生殖隔離の要因として，種分化を促進しやすい形質であるという意味だ．

さて，魔法の形質の場合，同類交配を促すような形質置換の影響は，単純に結果であり，分化を駆動する要因ではない．ここからは改めて，生殖的形質置換を促進するようなメカニズムを理論的に考えてみよう．対象としては，魚類の婚姻色のような二次的性徴形質やクジャクの羽のような派手な形質を想像してもらうとわかりやすい．オスが派手な形質を進化させ，メスが自身の好みに従って交配相手を選ぶような構図である．オスとメスは互いの適応度を最大化するように進化するから，それぞれの適応度を数式化して計算してみればよさそうである．まず，それぞれの適応度を言葉で書くと以下のように分解できると仮定しよう．

オスの適応度 ＝ 適応度の最大値×派手な形質への自然淘汰

×メスからの選ばれやすさ

メスの適応度 ＝ 適応度の最大値×好みのオスの見つけやすさ

×同類交配率

オスの形質を $x$，メスの選好性を $y$ とおき，この2つの値が互いに一致（$x = y$）していると，交配ペアとして成立しやすいとする．また，それぞれの平均値を $\bar{x}$ および $\bar{y}$ とする．メスが極端な形質を好む場合，オスの形質値もそれに合わせて進化したほうが交配相手として選ばれやすくなるのだが，あまり派手な形質を発現するのにはコストがかかったり，捕食者に見つかりやすくなるなどのデメリッ

トもある．そのため，オスの適応度には，自然淘汰の項がかかっている．一方，メスは似た近縁種と誤って交雑してしまうと，適応度が下がってしまう．これまで述べてきたように，それぞれの種内では，調和のとれた遺伝子型が異なる形で出来上がっているため，遺伝的に異なる種が交雑すると，その調和が壊れることになり，雑種の生存率や繁殖成功度が下がる結果となるのだ．同類交配率をさらに分解すると，

$$同類交配率 = \frac{同種オスを選んで交配する確率}{同種オスを選んで交配する確率 ＋ 異種オスを選んで交配する確率}$$

であり，同種オスの形質と近縁な異種のオスの形質が似ていると，異種オスを選んでしまう確率も高くなるため，同類交配率は低下する．

　相手集団のオス形質を $v$，その平均値を $\bar{v}$ と定義し，ここまでの設定を数式で表していくと，オスの適応度 $W_{\mathrm{m}}$ とメスの適応度 $W_{\mathrm{f}}$ は以下のように書ける．

$$W_{\mathrm{m}}(x|\bar{y}) = \exp\left(\lambda_{\mathrm{m}} - \frac{x^2}{2\omega^2} - b(x - \bar{y})^2\right) \tag{5.1}$$

$$W_{\mathrm{f}}(y|\bar{x}, \bar{v}) = \exp(\lambda_{\mathrm{f}} - c(y - \bar{x})^2) \times M(y|\bar{x}, \bar{v}) \tag{5.2}$$

少し複雑なので，順を追って説明していこう．数式が難しく感じる場合は，結果まで読み飛ばしてしまっても構わない．$\lambda_{\mathrm{m}}$ は，着目する集団内における，オスの適応度の最大値を示す定数である．現在の環境でのオスの最適な形質値を $x = 0$ とし，オスの生存率が形質値に対して正規分布することを仮定するならば，べき指数の2項目の $\omega$ は，環境に許容されるオスの形質値の標準偏差（ニッチ幅）を表す．言い換えれば，オスの適応度は形質値が $x = 0$ から離れるほど急激に低下する．さらに，べき指数の3項目はオスがメスから

配偶者選択の効果を受けることを表している．あるオスは形質値が
メスの好みの平均値に近いほど，配偶個体として選ばれやすく，適
応度が高い．ここで $b$ は，メスの配偶者選択の強さを表す係数であ
る．$b$ が大きいほど，メスはより厳密に自身の好みに従って交配相
手を選択する．

次にメスの適応度関数について，オスの適応度と同じように定数
$\lambda_f$ を考える．さらに，自分の好みがオスの形質値の集団平均から離
れると，好みのオスに出会いにくくなるため，べき指数の 2 項目に
配偶者選択のコストの大きさを表すパラメータ $c$ を導入する．ま
た，後半の項は同類交配率 $M(y|\bar{x}, \bar{v})$ であり，メスに特有の効果で
ある．多くの動物に見られる交配様式として，オスは複数回の交配
が可能で，メスは 1 回のみ交配が可能な状況を考えよう．この時，
メス個体にとっては交配のやり直しがきかないため，同種のオスを
正しく選べるかどうかが自身の適応度に重要であることがわかる．
実際には，$N_m$ を同種オスの個体数，$N'_m$ を別種オスの個体数とし
て，

$$M(y|\bar{x}, \bar{v}) = \frac{N_m f(y|\bar{x})}{N_m f(y|\bar{x}) + N'_m f(y|\bar{v})} \tag{5.3}$$

と書ける．ここで，$f(y|\bar{x}) = \exp(-b(y - \bar{x})^2)$ である．メスの同
類交配の成功率は，自分の集団のオスと相手集団のオスの形質平均
値，つまり $\bar{x}$ および $\bar{v}$ の値が近いほど低下する．あるいは，同種の
オスの数と比較して，別種のオスの数が増加するほど，同類交配率
は低下する．メスが誤って他種オスと交配してしまった場合は単純
に，全く子孫を残せない（雑種個体は生まれないと仮定している）
ため，他種オスの次世代への遺伝的な貢献は無視できるものとす
る．

適応度を数式化できたところで，オスの形質値やメスの選好性の

集団平均値がどのように進化するか追跡しよう．今回は簡単のために，$x$ も $y$ もともに 1 次元の量的形質であり，これらをコントロールするすべての遺伝子座は常染色体上に存在している仮定する．離散的で重複しない世代をもつ個体群における 2 つの量的形質の平均値の進化は，下記のような相加的遺伝分散共分散行列と淘汰勾配ベクトルの積としてモデル化される (Iwasa *et al.*, 1991).

$$\begin{pmatrix} \Delta\bar{x} \\ \Delta\bar{y} \end{pmatrix} = \frac{1}{2} \begin{pmatrix} G_x & B \\ B & G_y \end{pmatrix} \begin{pmatrix} \dfrac{\partial}{\partial x} \ln W_{\mathrm{m}} \\ \dfrac{\partial}{\partial y} \ln W_{\mathrm{f}} \end{pmatrix} \tag{5.4}$$

$G_x$ および $G_y$ は相加遺伝分散，$B$ は相加遺伝共分散と呼ばれる値であり，遺伝形質に毎世代どのくらいのバリエーションが生じているかを表す．また，$1/2$ は性特異的な発現であることを示している．つまり，形質の平均値の毎世代の変化量 ($\Delta\bar{x}, \Delta\bar{y}$) が，その変異量と淘汰勾配の積で表されることを示している．

　自集団のオスの二次性徴形質とメスの好みは，世代が進むにつれて，異なる種のオスの形質を避ける方向に進化する（**図5.7**）．はじめに，交雑前の最適な形質値を $x_0 = y_0$ としよう．まずメスが誤って別種の個体を交配相手に選んでしまうと，子孫を残せないことで不利益を被り，次世代のメスの好みは $y_0$ よりも別種の形質値から離れる方向に変化する．その後，自集団のオスがメスに交配相手として選ばれるためには，この変化したメスの好みに近くなければならないため，オスの形質値はメスの好みを追いかけるように変化していく．しかし，形質はどこまでも変化するわけではなく，あるところで平衡状態 ($\bar{x}^*, \bar{y}^*$) におちつく．それは次の関係

$$\bar{y}^* = \bar{x}^*\left(1 + \frac{1}{2b\omega^2}\right) \tag{5.5}$$

をみたす．これは別種を避けようとするメスの好みに対して，同種

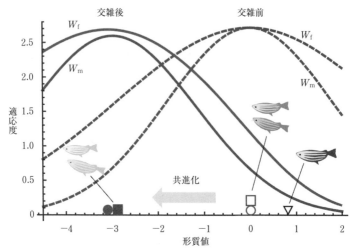

**図5.7 生殖的形質置換における形質値と適応度関数の変化**

四角はオスの形質値，丸はメスの好み，逆三角は別種オスの形質値に対応を表している．また，白抜きは初期状態，黒塗りは進化後の平衡状態の形質値に対応する．

のオスの形質発現にかかる自然淘汰がブレーキとなるためである．この式は，平衡状態においては，常にメスの好みがオスの形質値よりも大きな絶対値をもつことを示すとともに，メスの性淘汰とオスへの自然淘汰のバランスが平衡状態を維持していることを示している（Yamaguchi & Iwasa, 2013b）．平衡状態でのオスの形質とメスの好みは同符号であり，近縁種のオスの形質値から離れる方向の平衡状態へ到達する．

　次に，初期状態から平衡状態までの形質値の総変化量に着目してみよう．これは，交雑による異種間交配のリスクがどのくらい生殖的形質置換を引き起こすかを示す量である．まず，最も直感的に形質置換を促進するのは，自集団のオスと他種オスの形質値が近い場合である（**図5.8**）．メスにとっては，初期の異種間交配のリスクが

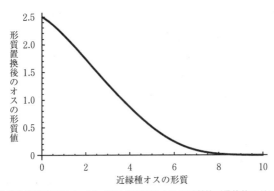

図5.8　生殖的形質置換によって，着目する種のオスの形質値が最終的にどれだけ分化したかを，交雑相手のオス形質に対してプロットしたもの
着目種のオスの初期形質値は 0 であるとして計算した．Yamaguchi & Iwasa（2013b）を改変．

高ければ高いほど，他種オスを選ばない程度まで選好性を十分に進化させることが有利となる．もう 1 つ興味深い傾向としては，配偶者選択の強さを表すパラメータ $b$ について，$b$ の中間的な値で総変化量がピークをもつことである．メスの立場から見て，$b$ が小さい時には交配相手を自身の好みにあまり従わずに選ぶため進化が起きづらく，形質の変化量が少ない．$b$ が大きい場合には，メスが好みに忠実にオスを選ぶため，変化量が大きくなる．しかし，$b$ が大きすぎる場合には，非常に厳密に自身の好みに従って交配相手を選ぶため，自集団のオスの形質が極端に変化せずとも十分に種間交雑を避けられる状態が実現する．その結果，配偶者選択の強さを中程度にもつ生物において，生殖的形質置換が起きやすい．

## 5.5　雑種種分化

交雑は，「動物がおこなう性的嗜好において，考えうる限り最も

重大な失態」といわれることもあるが (Fisher, 1930)，それにもかかわらず，定期的に起こる現象である．交雑する種の割合はまちまちであり，平均すると動物種の約 10%，植物種の約 25% が，少なくとも 1 つの他の種と交雑することがわかっている (Mallet, 2005)．個体群レベルで観察すると種間雑種は珍しく，典型的な個体群では，個体数の 0.1% ほどしか雑種を形成しない．また，雑種個体はそれぞれの親とはさまざまな形質にかなりの違いがあり，現存するニッチへの適応も難しいため，生存の余地はほとんどない．生存上健全な雑種が形成されたとしても，通常は頻度が低いことの不利に苦しむ．なぜなら，その雑種と同じタイプの交配相手と出会うことはほとんどなく，繁殖集団に加われないか，より多くの個体が存在する親種への戻し交配が起きやすいからだ．

　**雑種種分化** (hybrid speciation) は，雑種が新しい種の起源において主要な役割を果たすことを意味する．派生した種は，最初は各親から 1 つのゲノムを含み，それぞれから 50% の寄与を受けるが，さらに交雑や戻し交雑が進むことや，組換えの影響により，最終的に寄与が不均等になることがある．戻し交配が関与している場合，それぞれの親種からの寄与の割合が 50% になることはほとんどない．

　**同倍数体雑種種分化** (homoploid hybrid speciation) は，雑種個体が倍数性の変化なしで親種から異なる種となることである．例としては，ローレン・リースバーグが発見したヒマワリ属 *Helianthus* が有名であり (Rieseberg *et al*., 2003)，雑種集団は両親集団の形質値からかけ離れた値を発現する（**図 5.9**）．リースバーグは，ブリティッシュコロンビア大学で種分化研究をおこなう研究者だ．同倍数体雑種種分化は，第 4 章で扱った適応度地形理論の枠組みを用いて理解することができる．両親種が生態的種分化のように

**図 5.9　交雑によるヒマワリの新種形成**

ヒマワリの種間交雑は，現在，遺伝学的に最もよく記録されている同倍数雑種種分化の事例である．写真は，2 つの親種（左と右）が交雑して新種（中央）を生み出した．この新種は，どちらの親種も生存できないような生息地（砂漠）で生育している．最初の交雑は 5 万年前に起こったとされる．親種間の人工交配により，砂漠環境でも生息可能な雑種系統が生まれたため，雑種に寄与した対立遺伝子が親のゲノムの一部であることが示唆されている．Nolte & Tautz（2010）を改変．

適応度地形の異なるピークに適応している場合，雑種個体の表現型は親の中間，または組み合わせ次第で大きな分散をもつことになる．この時，まだどの種も占有していない適応度地形の第 3 のピークが存在し，雑種個体がその環境で生存・繁殖可能であるならば，新種の集団として定着することができる（**図 5.10**）．特に，親種が過去の環境適応において，効果量の大きな変異を蓄積するような環境変動を経験している場合，雑種個体の表現型分散が大きくなることで，雑種種分化につながりやすい（Yamaguchi & Otto, 2020）．

　雑種種分化研究を語る上で，毒蝶ヘリコニウス *Heliconius* の存在は外せない．ヘリコニウスは新世界の熱帯・亜熱帯地域に分布し，南米から北はアメリカ南部まで生息する，カラフルな毒蝶である．約 40 種が記載されているこの分類群は，互いの種に擬態する

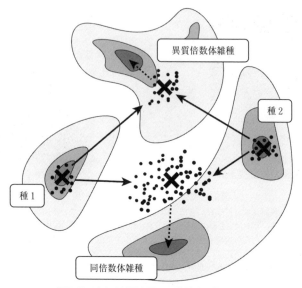

図 5.10　適応度地形を用いた雑種種分化の理解

種とその雑種の平均表現型はクロスマークで，個体の表現型分布は点で示されている．
雑種個体の表現型は親種の最適値から遠く離れる（実線の矢印）．まだどの種も占有し
ていない環境が存在すれば，雑種が新しい適応度頂点に到達する可能性がある（点線
の矢印）．Mallet（2007）を参考に筆者作成．

など驚くべき多様性を有しており，その研究の起源は，19 世紀の
ヘンリー・ウォルター・ベイツまで遡る．つまり，ダーウィンフィ
ンチなどの有名な進化の研究例と同様に，ヘリコニウスは 150 年以
上前から現在に至るまで，種分化研究の中心的な題材となってい
る．なかでも本分類群を一躍有名にした研究が，交雑種分化の実
証である．ヘリコニウスの例では，近縁の 2 種，*H. cydno* と *H.
melpomene* が交配し，*H. heurippa* という種が誕生したと提唱さ
れている．実験室内において，両親種と雑種個体のそれぞれで，各
集団内での強い同類交配が確認された（Mavárez *et al.*, 2006）．こ

れは重要なことで，雑種個体の交配行動は比較的早く親種から独立し，やがて遺伝子流動の欠如によって定義される種そのものを形成すると考えられる．同類交配が進化するためには翅の模様パターンが変わるだけでなく，それに対する選好性も進化しなければならない．ヘリコニウスでは脳や複眼で発現する遺伝子領域の種間差異が複数発見されており，行動や選好性に関連する形質進化の遺伝的基盤が解明されつつある (Rossi *et al.*, 2020)．自然集団の *H. heurippa* ゲノムと形質も両親種の中間型であり，これは一度の交雑が直接新種の形成に貢献した例である．

　チョウにおいて交雑種分化が一般的なメカニズムなのか，あるいは例外的な事象なのかはいまだ統一的な見解はない．野外での観察では，2種の交雑によって新種が誕生するよりも，ごく稀に交雑が起きながらも種の境界が保たれている場合のほうが自然に感じるかもしれない．ヘリコニウスの交雑帯も例外ではなく，*H. erato* と *H. himera* という種のペアでは，種間での交配確率は種内に対して10分の1程度であり，交雑による産卵数の低下は見られない．しかし，雑種個体は警告色の機能がどっちつかずのため，捕食にあいやすく，種の境界が維持されている (McMillan *et al.*, 1997)．生物学的種概念に立ち返ると，交雑が起きたとしても互いの集団で遺伝的な構成が同じになるほど遺伝子流動が強いものでないため，別種のまま保たれているのだ．

　さて，もう1つ着目したい雑種種分化の形式として，植物に多い**異質倍数体雑種種分化** (allopolyploid speciation) がある．多倍数性[1]は二倍体と異なり，種間で交雑した場合に雑種個体が親種と接

---

[1] 多倍数性：2組の相同な染色体をもっている二倍体に対して，それより多くのセットの染色体をもつこと．

合後隔離を引き起こしやすいため，すぐに種分化につながる可能性が高い．この例は動物ではあまり多く知られていないが，すべての顕花植物で祖先に多倍数体をもつことが示唆されている．被子植物の15％とシダ植物の31％では，すべての種分化イベントのうち異質倍数体による雑種種分化が種の起源であるとする報告もある（Wood *et al.*, 2009）．異質倍数体によって確立された集団では，周囲に近縁種の二倍体が少ないことや，環境変動や人為的な撹乱によって新たに拓かれた環境に定着している例も多いことから，図5.10のように，倍数性のみでなく生態的な要因がこれらの種分化に大きな影響をもたらしていることが考えられる．

## 5.6 交雑帯の進化・生態ダイナミクスは予測できるか

本章では，種分化の途中，あるいは種分化後の集団同士が二次的に接触する交雑帯について，どのようなことが起きうるかを理論と実証例から取り扱ってきた．クラインの形成から生殖隔離の強化，形質置換に至るまで，実にさまざまな進化的帰結が起こりうる．図5.11のように，交雑や遺伝子流動がもたらす結果を分類できる一方，仮にこれから二次的接触が始まる種のペアがいた時に，私たちはその結末を予測することは可能だろうか？

結論からいうと，現時点では非常に難しい．その理由は第1に，"自然の実験室"と呼ばれるだけあって，交雑帯にはたくさんの要因が同時に寄与する．種のペアが遺伝的にどれだけ分化しているか，どの生殖隔離機構が進化しているか，移動分散能力はどうか，など結果を予測するにあたってあらかじめ正確に知らなくてはいけないことが多すぎる．二次的接触前の近縁な2種をさまざまな実験によって精査しても，十分な情報を得ることは難しい．

そして第2に，上記のような現在の情報はあくまでもスナップシ

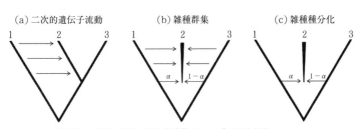

**図5.11　遺伝子流動を伴う交雑帯のさまざまな進化的シナリオ**
(a)種分化後の二次的な遺伝子流動，(b)親種からの生殖隔離を欠く雑種群集，(c)雑種と親系統の間の生殖隔離をもたらす雑種種分化（$\alpha =$ 親1からのゲノム寄与）．一度の交雑によって雑種種分化が起きる場合，各ゲノムからの貢献は等しいので，$\alpha = 0.5$ となる．Schumer *et al.* (2014)を改変．

ョットであって，交雑帯を形成する2種が，過去にどのような環境や個体群ダイナミクスを経てきたかを調べなくてはならない．親集団の経てきたプロセスは，交雑帯の結果に大きな違いをもたらすからである．たとえば，二次的接触前の集団拡大時期において，分布の端の個体群が小さな集団サイズを経験したとしよう．そのような集団では遺伝的浮動の効果が強く，弱有害な突然変異を確率的に蓄積して集団の平均適応度が低下してしまうことがある（Box 6参照）．その後の交雑では，相手集団から有害ではない対立遺伝子がもたらされることで，雑種強勢 (heterosis)[2]が起き，交雑帯の形成が親集団の適応度回復に寄与する（MacPherson *et al.*, 2022）．ほかにも，集団サイズが減少すると，交配相手を見つけづらくなったり，交配しても近親交配によって繁殖率が低下したりすることがある．個体群密度の増加によって集団の適応度が高まることを，生態学の用語でアリー効果と呼ぶが，この効果が雑種形成によって（近縁種を一時的に交配相手として活用することで）もたらされること

---

[2] 雑種強勢：雑種個体の適応度が，親種の適応度よりも高くなること．

もある (Yamaguchi *et al.*, 2019).

　交雑帯に限らず，種分化研究では異なるプロセスから得られた遺伝的パターンが類似することが多い．例として，弱い遺伝的な分化が観察された際，それは祖先からの分化が最近であったためか，遺伝子流動のためか，あるいはその両方によって観察されうる．また，生殖隔離が確立されていくタイミングが，遺伝子流動の減少タイミングと必ずしも一致しないこともある．たとえば，完全な地理的隔離のもとにおいて生殖隔離が進化したが，現在の交雑帯では弱い遺伝子流動が観察されたとする．この場合，遺伝子流動の存在下でも生殖隔離は維持されているが，生殖隔離そのものの成立時には異所的だったため遺伝子流動の存在はなかったはずである．このような問題は簡単に解決できず，どのようなシナリオがもっともらしいか，数理モデルを用いてさまざまなコンセプトが提示され精力的に議論されている．

# 種分化サイクル

## 6.1 種分化サイクル：繰り返し起きる種分化

　種分化は，新種が誕生する過程であり，種の多様性の増加に貢献する．ここまで本書では，一度の種分化がどのように起きるのか，シンプルな2島モデルの導入から環境適応や交雑帯の形成まで，そのダイナミクスを見てきた．ほとんどの生物学者にとって，「種分化とは各集団内における分化によって，以前は同種だった集団間に遺伝的な隔離が生じるプロセスのこと」である (Simpson, 1953)．しかし，地球上の種多様性を再現するには，一度の種分化を考えるだけでは不十分だ．

　本章では，種分化が何度も繰り返されて現在の種多様性のパターンを生み出す "**種分化サイクル**" について触れたい．種分化サイクルを考える上で重要なこととして，1つの種分化が完結した後，次の種分化が始まるには何が必要だろうか．

　ガラパゴス諸島で15種に多様化しているダーウィンフィンチ類

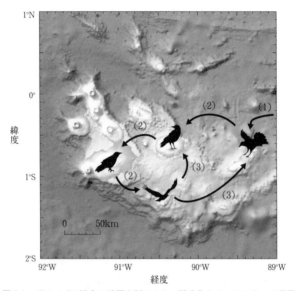

図 6.1　ガラパゴス諸島の地図を例にした，種分化サイクルの 3 つの段階
(1) 大陸やほかの島からの移住個体と定着，(2) さらなる分集団の確立，そして (3) 遺伝子流動と種分化後の共存．段階 2 と 3 の繰り返しにより，群島内にはさらに多くの種が蓄積する．Grant & Grant (2008) および Yamaguchi (2022) を改変.

を例に考えてみよう．この仲間の共通祖先は，200〜300 万年前に南アメリカ大陸から飛来し，各島でさまざまな環境に適応し分化を遂げていった．現在，それぞれの島では複数の種が共存しており，異なる餌資源や生息環境に適応している．**図 6.1** に示すように，祖先種の定着後，ほかの島々への移住と定着を繰り返すことで分集団を形成し，島間での種分化が開始される．遺伝子流動を乗り越えて別種に進化した後では，理想的には島の数だけ新種が誕生しているかもしれない．だが生物の習性として，移動分散による他の島への移住は起き続ける．種分化後に，ほかの島にある種が移入する場合，近縁種との間にはすでに生殖隔離が成立しているため遺伝子流動は

起きず，新集団を形成して定着し，近縁種同士で同じ島に共存する
ことがあるだろう．このように形成された分集団は，新たな種分化
のきっかけとなる．島に飛来した新集団と，元の島にいる同種の集
団との間では，遺伝的距離がゼロの状態から別々の突然変異が遺伝
子に蓄積し，次第に距離が離れるという種分化のプロセスが開始す

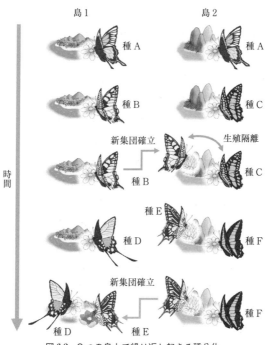

図6.2　2つの島上で繰り返し起きる種分化

両方の島（島1と島2）に存在する種Aが一定時間経過後に種Bおよび種Cに種分化
したとする．その後，種Bが島2に移住すると，種Cとは生殖隔離が成立しているた
め遺伝子流動は起きずに新集団を形成する．種Bにとっては両方の島に集団が存在す
るため，この分集団間で種分化が進行し，種D・種Eにそれぞれ分化する．同様に，
島2から島1に新集団形成が起きることで種分化サイクルが継続していく．（絵：田千
佳）

る (Yamaguchi & Iwasa, 2013a). **図6.2** で示す通り，2つの島上に
おいても一度の種分化イベントに続き，種分化サイクルが繰り返さ
れるモデルを考えることができる．種分化後の再移住と分集団形成
により種分化は継続し，形成される種数は島の数より多くなる．種
分化サイクルが継続するためには，近縁種の共存を可能にする生態
学的なプロセスが重要である．

## 6.2 移住率と種分化率の単純ではない関係性

　種分化サイクルを考慮すると，ある生物種の生息地間における移
動は，異なる2つの役割を果たしていることがわかる．1つは，種
分化を抑制する遺伝子流動としての役割であり，もう1つは新集団
の形成確率を上昇させ，種分化サイクルを促進する役割である（**図
6.3**）．つまり，前者の力は一度の種分化を抑制する一方で，後者は
複数回の種分化を促す可能性があり，多種を生み出す上ではこれら
の要素が必要である．

　種分化と新集団形成，それぞれのイベントまでに要する平均的な
待ち時間という観点から，種分化サイクルのまわる速さを考えてみ
よう（図6.3）．第3章で扱った2島モデルで考えたように，移住率
が高いほど，遺伝的距離が種分化の閾値に到達するまでに長い時間
がかかる．種分化後の移住と新集団確立に関しては，移住率 $m$ の
逆数，つまり $1/m$ がイベント発生までの平均待ち時間であり，例
として1世代あたりの移住率が1% であるならば，次の移住まで平
均100世代待たなければならない．種分化サイクルはこの2つの
イベントを交互に繰り返して進むため，これらの平均待ち時間の
和が，種分化サイクルを1周するのに要する時間である．**図6.4** に
は，移住率に依存してそれぞれの平均待ち時間とその和がどのよう
に変化するかをを示した．2つのイベントの拮抗した関係から，合

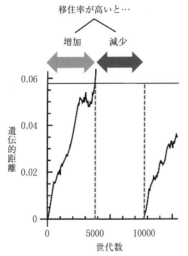

図 6.3　種分化サイクルにおける移住率の 2 つの役割

集団間の移住率が高い場合は，遺伝子流動が増加し，遺伝的な分化が抑制されるため，種分化に要する時間は長くなる．一方，種分化後に新たな分集団を創設するまでの待ち時間は，移住率が高いほど短い．この図では，図 6.2 に示す 2 島モデルにおいて，はじめに遺伝的距離が増加して閾値（横実線）に到達することで種分化が完了する（約 4,000 世代目）．その後，誕生した新種がもう一方の島に分集団を形成することで，新たな種分化プロセスが開始する（約 8,000 世代目）．

計の待ち時間は移住率に対して必ず下に凸になることが証明でき（Yamaguchi *et al.*, 2021），種分化サイクルが最も効率よく進むのは中程度の移住率であることがわかる．これを種多様性の**中程度分散仮説**（intermediate dispersal hypothesis）と呼び，自然界においても，スズメ目などの鳥類や海洋島に生息するクモなどの節足動物において，同様のパターンが検出されている．

　移動分散能力は，種分化可能性を考える上で歴史的に最も重要視されてきた形質のうちの 1 つである（Diamond *et al.*, 1976）．Mayr & Diamond（2001）は，ビスマルク諸島およびソロモン諸島の幅広

106

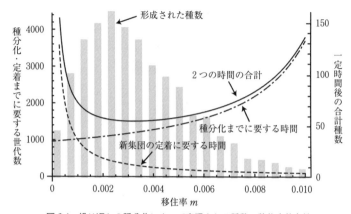

図6.4 繰り返しの種分化によって実現される種数の移住率依存性

種分化までの待ち時間と移入による新集団定着までの待ち時間は，移住率に対して相反する依存性をもつ（曲線：縦軸左）．その結果，待ち時間の和が最小となる中程度の移住率で最も効率よく種の形成が行われ，一定時間経過後に到達する種数（棒グラフ：縦軸右）が最大となる．Yamaguchi & Iwasa (2013a) を改変.

い鳥類について分散能力の定量化をおこなった．たとえば，地上性のほぼ飛翔能力のない鳥から，川を越えて対岸に渡れる種，さらには海を超えて隣の島に渡れる種などである．この生態的な観察研究の結果も，中程度の分散能力をもつ分類群で種の多様性が最大化されていた．新集団を形成する程度には移住率が十分高い一方で，遺伝子流動の効果は大きすぎないほうが，種の多様性の創出には効率がよいようである．ここで1つ留意しておきたいのは，分散能力自体も進化する形質であるという点である．特に島嶼生態系では，羽が退化して分散能力が著しく低下するなど，移住率もダイナミックに進化する傾向がある．このような事実を踏まえても中程度分散仮説が支持されるかどうかはいまだわかっておらず，さらなる研究が待たれる．

## 6.3　高い種多様性は種分化を促進するか

　第3章で導入した種分化の2島モデルの拡張として，島内におけ
る近縁種間の資源競争を考えよう．図6.2の種分化サイクルを考え
る際に，種分化後の近縁種が問題なくすぐに共存すると暗黙のうち
に仮定していた．しかし，種分化するまでは同一種であったのだか
ら，生息地で何かしらの競争が起きてもおかしくないはずである．
近縁種が出会った際の進化ダイナミクスは第5章の交雑帯で詳しく
扱ったが，そのシナリオは多岐にわたる．ここでは単純に資源競争
によって互いの個体数（集団サイズ）が抑制されると仮定する．

　多種が共存する系では，生態学の個体群動態モデルでよく用いら
れる競争係数 $a$ を用いることで，平衡状態における1種あたりの集
団サイズを算出できる．競争係数とは種内競争と種間競争の強度を
表す比であり，競争係数 $a$ が大きいほど種間競争が強く，互いに競
争排除する関係性を表す．平衡状態における種 i の集団サイズ $N_i^*$
は，種数 $S$ と環境収容力 $K$ を用いて，

$$N_i^* = \frac{K}{1 + a(S-1)} \tag{6.1}$$

と記述される．ここで環境収容力は，その島において同時に生存で
きる最大の個体数である．上式を見るとわかるように，競争係数 $a$
が大きくて種数が多い場合には，$N_i^*$ は小さな値に抑制される．で
は，他種との共存の影響で集団サイズが変化することは，種分化ダ
イナミクスにどのような影響を与えるだろうか．

　これまで通り，2つの島を生息地とする生物種において，移住に
よって遺伝子流動が起きる例を考えよう．1つの極端な例として，
移住イベントが台風や流木による漂流など，生物の形質とは独立に
発生するごく稀な出来事であり，移住個体数は母集団のサイズ $N_i^*$

108

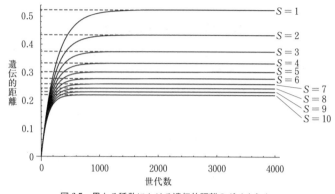

**図 6.5 異なる種数における遺伝的距離のダイナミクス**

$S$ は種数を表し，種数が多いほど遺伝的距離の平衡状態は小さな値となる．Yamaguchi *et al.* (2021) を改変.

と独立であるとする．すると，島モデルで仮定していた交配集団における移住個体の割合 $\varepsilon$ は $N'/(N + N')$ ではなく，$N'/(N_i^* + N')$ となり，種数が増加すると遺伝子流動の効果も増大することになる．同種の2集団間における遺伝的距離の平衡状態は突然変異と遺伝子流動のバランスで決まるため，種数の増加に従って遺伝的な分化が難しくなる（**図 6.5**）．ついには，種分化の閾値を下回る程度でしか分化できなくなる．種分化サイクルの文脈で捉えなおすと，新集団の形成がおこなわれたのちに種分化には至らず，結果としてサイクル全体が停止するため，種数の蓄積が停止する．種分化によって最終的に蓄積された種数は，競争係数が小さいほど大きい．これは，移住を受ける側の集団サイズが比較的大きいことで遺伝子流動の効果を抑えられることと合致する（**図 6.6**）．移住個体数が一定ではなく母集団のサイズに依存する場合はこの限りではないものの，多くの場合で同様の結論が得られる．

　種の多様性が高いほど種分化が減速するというマイナスの効果

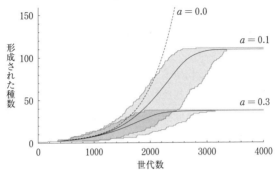

**図6.6　異なる競争係数のもとで，種分化サイクルによって蓄積する種数**
各パラメータについて100回のシミュレーションをおこない，実線（黒）が結果の平均値である．グレーの領域は計算結果の95％が収まる範囲を示している．種間競争が全くない場合（$a = 0.0$）についても点線で示した．Yamaguchi *et al.*（2021）を改変．

は，直感に反するかもしれない．多様性がさらなる多様性を生み出すかという疑問は，生物多様性の研究におけるいまなお未解決の1つの大きな課題である．一般に，多くの研究者も上記の疑問には「イエス」と答えるだろう．種の多様性が高いほど，生息地における集団の構造は複雑さを増し，種間の相互作用も爆発的に増加する．すると，種数が少ない時にはなかった淘汰圧が発生し，新たな環境適応や種分化を促進するという議論はもっともらしいと思える（Emerson & Kolm, 2005）．この議論における集団サイズの役割は通常，絶滅に関するものであり，種数が多いほど各集団サイズが小さくなって絶滅速度が上昇し，種分化速度とバランスする（MacArthur & Levins, 1967; MacArthur & Wilson, 1967）．従来，種分化と絶滅は独立した要素と考えられていたものの，本節の2島モデルのように集団サイズを通して密接につながっており，種多様性が種分化速度を減少させる要素も持ち合わせることが明らかになってきたのは最近のことだ．

## **6.4** 適応放散する種・しない種

本章のここまででは，シンプルかつ広範な生物に適用可能な島モデルを拡張して，種分化サイクルの理解を試みてきた．種分化サイクルが何度も回れば種多様性の高いグループとなり，すぐに止まってしまえば，種多様性は低いグループとなるだろう．近縁な分類群の種多様性の差は，種分化サイクルの視点を通してどの程度理解できるだろうか.

ガラパゴス諸島のダーウィンフィンチ類は適応放散による多様化の例として有名である一方，ガラパゴス諸島でほぼ同じだけの時間を過ごしているマネシツグミの仲間に脚光が当たることはほとんどない．同様に与えられた進化時間や地理的条件の中で，多様化する分類群としない分類群があることは興味深く，この違いが生じる理由は種分化サイクルを考える上でうってつけである．ダーウィンフィンチ類は 15 種を擁し，近縁種が同一の島で共存可能である一方，マネシツグミは 4 種のみが生息しており，1 つの島で複数種が共存するような分布は見つかっておらず，そもそも大陸部においても共存が珍しい分類群である．種分化サイクルで扱ったように，共存と分集団形成が新たな種分化につながる一要素となるのは間違いなさそうである．ダーウィンフィンチの仲間は嘴の形状が分化することで異なる餌資源を利用すると同時に，さえずりも分化することで生殖隔離が進化している．マネシツグミ類は採餌行動が分化しておらず，さえずりは生殖隔離として比較的機能していないため，同じ島の中での棲み分けや交雑回避が難しく，結果として複数種の共存を困難にしているのだろう.

ダーウィンフィンチ類では生態的形質置換や雑種種分化も観察されており，単純な地理的隔離による種分化の繰り返しではない，よ

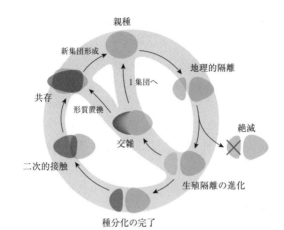

図 6.7　さまざまな種分化経路を反映した種分化サイクルの概念図

り複雑な種分化サイクルとなっているはずである（**図 6.7**）．それで
も，このサイクルのどこが原因となって最終的に周回が止まってし
まうかを議論することで，適応放散のように種多様性の高い分類群
と，そうでない分類群に至る進化的要因を議論できるだろう．この
ような種多様性のパターン比較は，ガラパゴス諸島に限らず例が豊
富にある．ハワイ諸島では，適応放散するハワイミツスイ類とそう
でないヒトリツグミ属 *Myadestes* が対比関係にある．魚類の例で
は，ウガンダ・ケニア・タンザニアにまたがるヴィクトリア湖に生
息するシクリッドにも同様に，500 種以上に種を蓄積した属と 1 種
しか含まれない複数の属が存在する．種多様性を規定する要因は，
種分化のスピードなのか，それとも共存の成立しやすさなど他の生
物学的特徴なのか，現在でも議論が続いている．

## 6.5　種分化と絶滅のバランス

これまでに地球上に登場した生物の 99% 以上は，すでに絶滅し

ている．絶えず変化する環境に適応して新種が誕生する一方で，古い種は消えてゆく．しかし，絶滅のペースは一定ではない．むしろ地質学的には一瞬といえるような短い期間に 75〜90% 以上の種が姿を消す「大量絶滅」が，過去 5 億年の間に少なくとも 5 回は起きている．最もよく知られているのは，白亜紀（中世代）と古第三期（新生代）の境界となる 6,600 万年前の大量絶滅である．非鳥類型恐竜が絶滅し，哺乳類や鳥類が急激な進化と多様化を遂げるきっかけとなった．

　種の多様性は，2 つの対照的な過程である種分化と絶滅のバランスがもたらす結果である．熱帯地域では特に種多様性が高いが，無数にも思える多様な種がなぜ共存できるのかを理解することは，長年にわたる進化生態学の課題であり続けている．支持される仮説の 1 つとして，熱帯域が温帯域やその他の高緯度地域とは異なり，氷河期においても地表が氷で覆われることがなく，多くの種の避難地となることで，種数を蓄積していったということがある．さらに生態的側面に着目すると，熱帯域は温度が高いため生産性も高くなり，多くの生物を許容できる．植物の光合成による一次生産は，大半の消費者をまかなうことができるエネルギー源であり，この効果がさらに高次の食物網へも恩恵をもたらしていく．これらの要因は互いに排他的ではなく，低緯度地域の種多様性には複数の要因が貢献しているだろう．30,000 種以上の海産魚類を対象にした大規模な解析では，種分化自体は北極や南極を含む高緯度地域で起きており，種の多様性自体は低緯度地域で高いことを明らかにしている（Rabosky *et al.*, 2018）．絶滅も起こりうるような環境変動を含む厳しい条件が，高緯度地域の集団で生殖隔離の進化を促し，長い時間をかけて熱帯域での種の蓄積につながったのかもしれない．

　ここで気をつけておきたいのは，大量絶滅に代表されるように，

種分化や絶滅のスピードは一定ではないのが一般的ということである．たとえば，適応放散の最初期では，新しい環境が比較的均質であり，環境適応による新種の形成スピードはそこまで速くない．その後，さまざまな生息環境が登場するに従って種分化サイクルは回転が速くなり，ある程度種数が蓄積すると絶滅率も上昇することで平衡種数に至る．この間には生物の進化だけでなく，海水面の変位による島などの生息地面積の変動や，気候変動による分布の拡大・縮小が絶えず起こっており，種分化と絶滅のバランスは，生物地理学的にもダイナミックなプロセスである．

## 6.6　絶滅による種分化

　4.6節では，絶滅リスクが種分化可能性を高めるとして，種分化の不死鳥仮説を取り扱ったが，ここでは絶滅イベントが直接的に種分化につながるメカニズムを紹介する．ある種がいくつかの個体群から構成されているとしよう．たとえば，分布の両極端にある黒と白の個体群が，異なる色合いの灰色の個体群によってつながっている．ここで，局地的な災害によって灰色の個体群が絶滅したとすると，黒と白の個体群が残され，おそらく別個の種として分類されるだろう．このプロセスは "**絶滅による種分化**" として知られている．ダーウィンは『種の起源』の中で，一見連続的に見える種や亜種の違いについて述べた際，すでにこの考えを提唱している．

　このプロセスは，種内変異と絶滅という，2つの主要な要素から構成されている．どちらも自然界ではよく見られるものである．種内変異あるいは種内多型がどの程度存在するかは，1種がどのくらいの亜種を含んでいるか検討することで推定できる．GBIF—地球規模生物多様性情報機構—のデータを参考に，種内変異がどれだけ存在するか確かめてみよう．GBIF は，地球上のあらゆる種類の生

物に関するデータを，誰にでも，どこにでも，オープンアクセスで提供することを目的として設置された国際的なネットワークである（https://www.gbif.org/ja/）．このデータバンクをもとに亜種の数を数えれば，異なる分類群間の種内変異を推定することができる．全維管束植物種の1.97%（999,713種のうち19,712種），哺乳類種の16.4%（3,873種のうち637種），鳥類種の28.5%（10,721種のうち3,056種）には少なくとも3つの亜種が含まれている．同一種であっても，広い分布域の端から端まで見れば，すでに異所的な分化が進み始めている場合は少なくないのだ．ちなみに，地理的に連続的な分布をしながらも，両端の集団が生殖的に隔離されているような種（または種群）を輪状種と呼ぶ（**Box 8**）．

さて，このような種内変異の一般性や，集団レベルでの絶滅が長い時間スケールでは起きうることを考えると，絶滅による種分化は

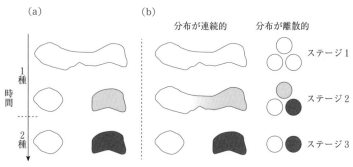

**図 6.8 絶滅による種分化**

（a）従来の地理的隔離による種分化プロセス．先に地理的隔離が起きることで，分集団が独自の変異を蓄積していく．（b）絶滅による種分化のプロセス．ステージ1では種内変異はなく，均一な1種の集団として存在している．ステージ2では変異を蓄積することにより，種内にバリエーションが生じる．ステージ3では，中間の集団（灰色）が絶滅することによって，分化した白と黒で表される集団が残る．Seeholzer & Brumfield（2023）を改変．

ありえそうなシナリオである（**図6.8**）．実際に南米のアンデス山脈に生息する鳥類ホオジマカマドドリ *Cranioleuca antisiensis* を対象とした研究では，分布に沿って体サイズに大きなバリエーションがあり，仮想的に中間の集団が絶滅したとしてデータ解析をおこなうと，1種ではなく2種として扱うのがもっともらしいという結論に至っている．これは，多くの生物において，過去の絶滅が種分化プロセスにかかわっていた可能性を示唆する．

　さて，集団の絶滅が種数を増やす一方で，これは表面的に見える種多様性の数字が一時的に増加しているだけであることに注意したい．たとえば，人間活動によってさまざまな種の集団が絶滅することで，もともとつながっていた分布が分断され，種分化が加速するかもしれない．しかし，失われた集団が保持していた遺伝的多様性や種内のバリエーションが戻ることはないのである．そういった変異が，将来の進化の起源になる可能性はそこで潰えてしまう．そして基本的に，絶滅のスピードは新種の形成にかかる時間よりも圧倒的に短い場合が多い．絶滅による種分化はこれまで研究者が見落としがちであったプロセスであり，生物多様性の維持にいつ・どのくらい貢献しているかは今後の研究が待たれる．

## **6.7** 固有種数のダイナミクス

　種の多様性やその地理的分布を考える時，手元の図鑑の分布図をつぶさに眺めることから始まる．さまざまな種を含めた分布を重ね合わせて，どこかに境界線がないか，分類群を越えて比較してみると面白い．分布情報は貴重な生態データであり，昆虫であればチョウ類，脊椎動物であれば鳥類がよく整備されている．本節では，種分化と絶滅のバランスを考える例として，特定の地域にのみ存在する種である "**固有種**" の分布に焦点を当てて，その一般的な成り立

ちとメカニズムを概観していく．筆者が調査対象としているマレー諸島のチョウ類を例に見ていこう．

　一般にマレー諸島として知られるインド・オーストラリア諸島は，赤道の両側にある約2万の島々からなり，地球上で最も地理的に複雑な熱帯地域の1つである．この地域は地球の陸地面積のわずか4%しか占めていない一方，地球上の動植物種の20〜25%が生息する生物多様性のホットスポットである（Woodruff, 2010）．特にマレー半島とボルネオ，スマトラ，ジャワの3つの大きな島は並外れた生物多様性をもち，氷河期の海面低下時にはこれらの地域が陸続きであったことから，スンダランドと呼ばれる地域を形成していたとされる．この地域の生物多様性は，その複雑でダイナミックな地理的・気候的歴史と相まって，生物多様性とその分布を決定するさまざまな要因を研究する上で理想的な地域となっている．

　マレー諸島周辺地域のチョウの固有種率と比較すると，大陸先端であるマレー半島は2%，ジャワ・ボルネオ・パラワン島・小スンダ列島で10%以下，モルッカ諸島で15%である（Vane-Wright & de Jong, 2003）．また，マルク諸島北部と中部でもそれぞれ11%および15%程度であり，一般に大陸から離れた海洋島になるにつれ固有種率は上昇するものの，突出して高い数値とはなっていない．一方で，大小さまざまな島から構成されているフィリピン諸島では40%前後の高い固有種率を有するほか，ボルネオ島からわずか120kmほどしか離れていないスラウェシ地域の固有種率も43%と非常に高い値を示す．さらにニューギニアは46%と高く，周囲の島嶼域を含めるとその固有種率は55%まで上昇するとされる．

　固有種率の分布を上記のように比較してみると，現在孤立しているように見える海洋島だけでなく，1つの大きな島がほとんどを占めるスラウェシやニューギニア地域の固有種率の高さが際立つ．こ

のパターンはどのように解釈できるだろうか？　たとえば，スラウェシ地域はスラウェシ島を中心とした周辺の島々から構成され，歴史的にはアジア・フィリピン・オーストラリアの3陸塊の衝突に由来していることが判明している．この衝突が起きたのはおよそ1,000万年前であり，ここで多くの祖先種が合流した可能性が高いため，その生物相の成り立ちも複雑である．スラウェシ島はその島内でも固有種数の分布が独特であり，山岳に囲まれた中部地域は約70%を超えるのに対し，それ以外の地域では20〜30%程度である．つまり，海洋島としてほかの島との間での分断と時間経過によって固有種が成立しただけではなく，島内の地理的隔離による種分化の両方を考慮しなければならない．これはニューギニアでも同様で，島内の種分化が多く，これが高い固有種率に貢献していると考えられる．

　固有種の分布を正しく解釈するには，いくつものプロセスがかかわり合っている．一般に，固有種はその地域独自の進化を遂げた生物種とされる．これはある側面では正しく，島の地理的隔離による種分化，島内の特定の気候や生物間相互作用に適応することによって，独自の種は誕生するだろう．ひとたびその地域に固有の種が登場すれば，その種を介した固有の相互作用が淘汰圧となって，さらに独自の生物相が形成されるようなフィードバックがかかるのは想像に難くない．しかし，実際の固有種の時空間分布パターンは，いま挙げた①種分化のほかに，②近縁種の絶滅，③移動分散の3つのプロセスがもたらす（**図6.9**）．固有種はその地域独自の進化を遂げた生物種とされるほかに（図6.9a），時間経過による異所的種分化（同b）や近縁種の絶滅（同c）によってもその数は増加する．広域種（島間の共通種）がある特定地域を除いて絶滅してしまうことが固有種の形成に貢献していることは見落とされがちである．反対

単島固有種の形成パターン

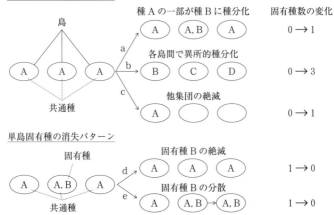

図6.9 単島固有種（ある1つの島にしか生息しない固有種）の形成と消失パターン例
初期状態から一定時間経過後の固有種数変化を示している．それぞれの円は島を表し，
A・B・C・Dはそれぞれ異なる種を表す．a〜eが示す各プロセスについては本文を参
照のこと．Emerson & Kolm（2005）を改変．

に，固有種の減少にかかわるプロセスとしては，絶滅（同 d）以外
にも，他地域への移入成功（同 e）が挙げられるなど，固有種の形
成動態は複雑である．

　東南アジアは非常に複雑でダイナミックな地質・気候の歴史をも
ち，それがこの地域の生物相の多様性と分布に大きな影響を与えて
きた．古気候や地質学的な知見の蓄積に伴い，種分化や生物多様性
の成り立ちに関するシナリオは日々更新され続けている．固有種の
分布に立ち返ってみると，その分布から過去に何か特別な地理的障
壁や環境変動があったのではないかと推測するきっかけとなる．こ
のような生物地理学的境界の要因を探ることは，複数の間接的証拠
を集める難しい作業であるが，種分化サイクルを駆動するメカニズ
ムを議論するのに有効であるに違いない．

# Box 8 　輪状種

　2 つの生息地を仮定する 2 島モデルの場合，互いの島に生息する集団間の種分化は，生殖隔離が十分に進化しているか/そうでないかによって判断することができる．では 3 集団以上にモデルを拡張した場合はどうだろうか．3 つの島に生息する集団をそれぞれ A, B, C としよう．いま，それぞれ独自の変異を蓄積して分化が進んでいるが，A と B, B と C の集団間では，それぞれ移住個体が相手先の集団で交雑することで遺伝子流動が発生する．しかし，A と C の間では，生殖隔離が成立しており，遺伝子流動が発生しない．単純に考えれば，A と C は種分化が完了しており，別種相当である．問題は，集団 A のもつ対立遺伝子が，B を経由して C に到達可能だという点である．間接的ではあるが，遺伝子流動が成立してしまうのだ．

　上記のように，隣接する集団では遺伝子流動が生じるが，端と端の集団間で交雑が生じない一連の個体群を輪状種と呼ぶ．ブリティッシュコロンビア大学で鳥類の種分化研究をおこなっているダレン・アーウィンは，輪状種の実証について先駆的な研究をおこなっている．彼の研究対象であるヤナギムシクイ *Phylloscopus trochiloides* は体重 7g ほどの小さな鳥であるが，その体サイズや体色，さえずりにバリエーションがあり，チベット高原のまわりに 6 亜種が分布している（図）．隣り合う集団間では遺伝子流動が観察されるものの，集団間の距離に応じて生殖隔離の強度が高くなることが判明している (Irwin *et al.*, 2001)．このほかにも，北極を囲むように連続的に分布しているカモメの仲間など，鳥類では輪状種の例がいくつか知られている．たとえば，昆虫の仲間で輪状種は見つかっていないものの，島をぐるっと 1 周するような分布で輪状種のパターンが見つかるかもしれない．輪状種では，中間の集団が絶滅してしまう場合，明確に両端の 2 種が残ることとなる（6.6 節「絶滅による種分化」を参照）．

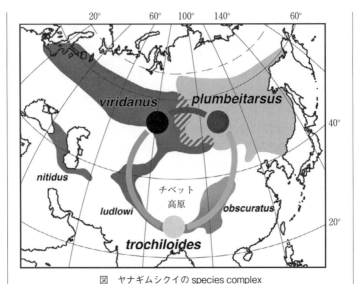

図　ヤナギムシクイの species complex
亜種名とともに，グレースケールの濃淡で分布内における形質のバリエーション
を示している．Irwin *et al.* (2016) より改変．

# 種分化研究と系統樹

## 7.1 分子系統樹

1990 年代，生物学の研究室には，DNA を構成する塩基（A，T，G，C）レベルの配列データという，分子レベルの新たな技術が浸透し始めた．ゲノム中のある短い領域で塩基配列が決定されると，それは 1 つの DNA 配列として扱われる．たとえば DNA は，ある特定の塩基が別の塩基に置き換わる，いわゆる突然変異によって進化する場合が多い．複数の種の間でそのような変異が起こり，チンパンジーのゲノムではある特定の位置が A で，ヒトではその位置が T となるのだ．時間とともに DNA 配列が進化する様子や，新たな種が独自の DNA 配列をもつように分岐していく様子は，種分化のプロセスともよく合致する．ダーウィンは遺伝子や DNA の正体もわからない 1837 年に，ノートブックに進化を新たな枝が成長する生命の樹として描くようになった（**図7.1**）．『種の起源』では，「新芽が成長するにつれ，活気あふれる枝が弱い枝を凌いで，分岐しな

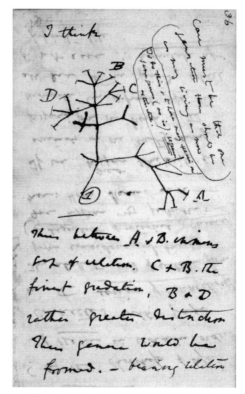

**図7.1　ダーウィンによる生命の樹のスケッチ**

メモ書きには，AとBは遠縁な関係にあることが書かれている．また，BとCは
よく似ており，それに比べてBとDは少し離れた関係性にあることや，絶滅が関
与していることも記載されている．*Transmutation of Species* (1837) の p.36 より
(http://darwin-online.org.uk/).

がらさまざまな方向へと伸びていく．世代を重ねていくうちに，そ
れは偉大な生命の樹となるだろう．枯れて折れた枝は地中に埋ま
り，分岐して生い茂った枝が地表を美しく覆うのだ」と記してい
る．この比喩は160年間にわたって，生命の歴史を考える上で有効

であり続けている.

　ある特定の遺伝子を種間で比較して構築する**系統樹**のことを遺伝子系統樹と呼び，これが種の系統関係に一致することもあれば，そうでないこともある.　各遺伝子は，自然淘汰や遺伝子流動の影響を受けることで進化速度が異なっており，独自の系統樹によって表される進化史をもっているのだ.　そのため1つの種系統樹の内部には，それぞれ異なる遺伝子の何千もの系統樹が絡まり合って存在している.　さらに，1つの種において複数の集団から配列情報を取得できれば，集団の分岐や集団同士での個体の移住など，個体群レベルでの進化史を知ることができる.　このように，時間を遡って後ろ向きに進化の道のりを再構築できることは，種分化を考える上で強

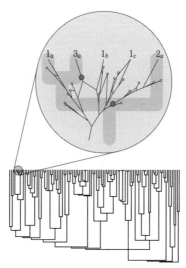

図7.2　分子系統樹の先端は通常「種」が単位であることが多いが，集団レベルまで拡大してみると，多くの集団が絶滅・融合しており，生存した集団のみを現在の群集（種）として観察している（Rosenblum *et al.*, 2012 を改変）

力なツールとなる．一方で，時間軸に沿って前向きに考えると，集団は絶えず生まれたり，絶滅したり，時には融合したりを繰り返しているので，いまは見ることのできない（すでに消えてしまった）集団の系統関係までは復元できないことに注意したい（**図 7.2**）．

## 7.2 生物系統地理学

分子系統樹が種分化研究において大活躍するのは想像に難くないだろう．もし，1 年あたり，かつ 1 塩基あたりの置換率がわかるのであれば（だいたい $10^{-8}$〜$10^{-9}$ くらいのオーダーで非常に低確率であることが多い），特定の種のペアが祖先種から分岐してどのくらいの時間が経過しているか，分岐年代推定をおこなうことができる．これが非常に強力で，種分化研究に大きな影響をもたらしている．以下ではハワイの種分化パターンを例に取り上げよう．

ハワイ諸島は，海の底に広がるマグマが噴出する場所（火山性ホットスポット）と太平洋プレートの動きによって形成された島である．ホットスポットでマグマが噴き出してできる火山島は，太平洋プレートの動きによって，年に約 6〜9 cm の速さで北西に運ばれる．このため，はじめに形成された島から最も新しい島までが時間の流れに沿って連なっており，各島の形成年代は放射年代測定法によって推定されている（Price & Clague, 2002）．若い島から順に，ハワイ島（40 万年前），マウイ島（132 万年前），モロカイ島（190 万年前），オアフ島（370 万年前），そしてカウアイ島（510 万年前）となっている．

通常，ハワイのような海の島の生態系は，大陸から海を越えて移住することができた特定の祖先種に由来することが多い．わずかな数の祖先種が空いたニッチを埋めながら独自の進化を繰り返すことで，適応放散が生じ，多くの固有種を生み出してきた．ハワイ諸島

もその代表例であり，そこに生息する植物の約90％，昆虫の66％
が固有種とされている．これらの特殊な島の形成過程と独自の進化
を遂げた生物相をもつことから，ハワイ諸島は，進化生物学の研究
において優れたモデルシステムと見なされてきた（O'Grady *et al.*,
2011）．

　ハワイ諸島に生息する生物種は多くの場合，新しい島が形成さ
れるとその島へ移住し新たな種へ分化するという「**前進ルール**
（progression rule）」に従った進化を繰り返し，種分化の順序と島
の形成順序が一致していることが知られている（Gillespie, 2016）．
たとえば，500万年前の時点ですでに地上に出現していたのはカウ
アイ島だけであり，その北西には現在すでに海底に沈んでしまって
いる島が連なっていたはずである．次いでオアフ島が新しい島とし
て出現すると，そこにカウアイ島に生息する種が定着し，種分化プ
ロセスが始まる．こうして，古い島が消失し，新しい島が出現する
地理的ダイナミクスがベルトコンベアのように続いていくことで，
新種の誕生は継続してきた．系統樹でこのパターンを見ると，古い
島には分岐年代の古い種が生息し，新しい島の種は若いという関係
性が再構築できる（**図7.3**）．比較的移動能力の低い，クモやコオロ
ギの仲間は前進ルールに忠実なパターンを示す．一方で，鳥類や飛
翔性昆虫，風や鳥によって種子を分散させる植物などの分類群は分
散能力が高いことが予想できるが，実際に前進ルールに従わずに種
分化する（新しい島から古い島への定着が起きる）ことが判明して
いる（綿貫，2021）．

　ハワイの例に限らず，種分化サイクルを駆動する支配的な要因
は，地殻や気候変動に代表される非生物学的なプロセスに基づく可
能性がある．たとえば，氷期–間氷期サイクルを通した海水面の変
動は，生物の移動分散に大きく影響を与えているものの，そういっ

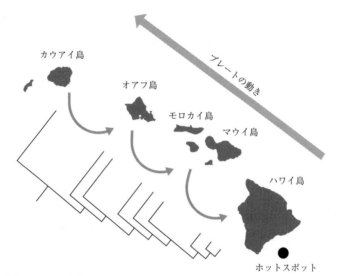

図7.3　ハワイ諸島において一般的である「前進ルール」に従った種分化パターン
島の間の矢印は，新しい島が形成されるとその島へ移住し新たな種へ分化する前進
ルールに従った移動分散を示す．その下の系統樹は前進ルールに従って種分化が起き
た場合に期待される各島に生息する種の分子系統関係を示す．（絵：綿貫栞）

たプロセスが種の多様性の蓄積や減少にどのような影響を及ぼして
きたかを理解することは容易ではない．広い分布域にわたって網羅
的に対象生物のサンプリングをおこない，系統関係を推定すること
は，途方もないフィールドワークを要することもしばしばである．
特に一人の研究者がその人生ですべてを完結することは難しく，先
人たちや共同研究者のデータ，博物館の標本を活用することも多
い．私が博士研究員として所属していた東京都立大学（当時は首都
大学東京）では，ハワイ産固有のショウジョウバエの研究用サンプ
ルを累代飼育していたが，そのうちのほとんどの種は，すでに絶滅
してしまった貴重なサンプルだそうだ．数十年のスケールで進める

研究では，以前観察された集団が絶滅してしまっていることも多く，完璧なサンプリングは不可能だという前提で，過去を推論する手法が数多く開発されている．

## 7.3　ミクロ進化とマクロ進化

分子系統解析が普及し始めてから 30 年余り，現在ではバイオインフォマティクスの発展に伴って，大規模かつ正確な系統関係の構築が可能となっている．たとえば，鳥類や魚類では 10,000 種前後の系統関係が判明しており（Jetz *et al.*, 2012; Rabosky *et al.*, 2018），種子植物では 74,000 種を超える系統樹が存在する（Smith & Brown, 2018）．これだけの種数をもとに解析できるのは革新的で，特に着目したい分類群について，100 万年あたり何種が誕生したかを計算する際の信憑性がとても高くなる．この値を種分化率と呼び，短い期間で種の多様性が高くなった分類群ほど，種分化率は大きい．10 種だけ用いた系統樹と 10,000 種用いた系統樹では，100 万年あたり平均何種が誕生したか求める際の信頼度が後者で高いのは直感的にもわかる．

さて，本書ではこれまで種分化研究をさまざまな切り口から見てきた．研究者の中では，おおよそ以下の 4 つの時間的スケールの切り口によって研究が進められていると思う．

- 生態的種分化：かなり最近の分岐（＜ 1,000 世代程度）に焦点を当てる傾向がある
- 交雑帯と系統地理学的研究：数万～数十万年以上にわたるプロセスに重点をおく
- 系統学的研究：数百万年オーダーの「生殖隔離が頑健な」種（いわゆる good species）に注目する傾向がある

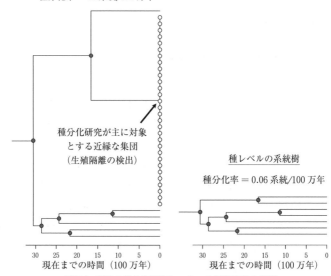

**図 7.4　従来の種分化研究とマクロな種分化率の乖離**

生殖隔離の進化を研究する場合，左図のように種内のバリエーション（白丸）に着眼する．いわゆる集団遺伝学的（ミクロ進化的）スケールである．一方で灰丸はマクロ進化的な分岐であり，大規模系統解析ではこれのみを用いて種分化率を推定する．Rabosky (2016) を改変．

●マクロ進化解析：数千万年〜数億年という単位で見ることが多い

対立遺伝子頻度の変化や一度の種分化イベントに関する研究は，ミクロ進化とも呼ばれる．生殖隔離のメカニズムやその進化プロセスに重きをおく研究と，種分化率のようなマクロ進化の研究の間には隔たりがあり，今後の研究が期待される分野である．**図 7.4** で示すように，種分化研究（生殖隔離に関する研究）で検討している集団は，種分化が不完全な比較的若い系統関係に位置しており，交雑の

全くない安定した種レベルの大規模系統樹とは，着目している階層が異なるのだ．第4章の生態的種分化で取り上げたイトヨの生殖隔離進化速度は非常に速いが，何十・何百種という種の多様性を抱えるような分類群ではない．このように，近縁集団を対象として検出している種分化の速度は，そのまま使うと長期的な種の蓄積を考える上では過大評価されている可能性がある．

## 7.4　種分化研究のこれから

　自然界における種の多様化の速度は千差万別である．過去数十年にわたって，種分化に関する研究の大部分は生殖隔離のメカニズムと進化，すなわち集団間の遺伝子流動を制限する障壁の進化に焦点を当ててきた．多様な生物の生殖隔離機構やその遺伝的基盤もまた多様であり，それらの研究によって生物の生きざまがわかることは，種分化の理解に向けた大きな貢献であるし，今後も重要であり続けるだろう．一方で，本章で触れてきたビックデータ時代の進化生態学として，巨大分子系統樹や生態情報を用い，より長期的な問いである「種多様性の高い分類群を規定する要因は何か？」の解明を目指す研究が精力的に進められている．膨大なデータと高度なバイオインフォマティクス解析を背景に，種分化研究は新しい局面を迎えているのである．

　その中で最も盛んな論争の的となっているのが，従来の種分化研究が追求してきた生殖隔離の進化速度と，長期的な系統樹で測定される種分化率との間に相関が見られない事実である．つまり，"種多様性の高い分類群は頻繁に種分化を繰り返すため，生殖隔離の進化速度が速い"という予測が成立しないことが一般的であると判明し始めた．たとえば，ショウジョウバエや鳥類においては，生殖隔離の進化速度は種分化率と相関がない（**図7.5**; Rabosky &

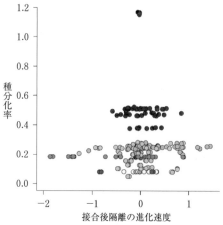

**図7.5 鳥類244種における種分化率と接合後隔離進化速度の関係**
同じ色の点は同じ目の種を示す．他の種から生殖的に隔離されやすい種が，他の種よりも速い速度で種分化することはない．Rabosky & Matute (2013) を改変．

Matute, 2013)．むしろ種分化率を規定するのは，生殖隔離の進化速度自体よりも，種分化後の資源競争や共存の難しさといった，生態学的要素であるという報告が相次いでいる（Price *et al.*, 2014）．もしかすると，種分化サイクルにおける共存や定着といったプロセスのほうが，種の蓄積には相対的に重要なことが多いのかもしれない．

　種分化率は，ある種がどれだけ速く新しい種を生み出すかを示し，この速度は脊椎動物のグループ間で最大50倍も異なる．このばらつきはどのように説明することができるだろうか．古くからの仮説は，地理的に孤立した個体群を形成しやすい種は，新種も形成しやすく，種分化率が高いはずだ，というものである．この仮説は，集団の地理的分断や遺伝的分化が種分化への第1ステップであると考えており，研究者の間でも暗黙の了解に近いほどの大前

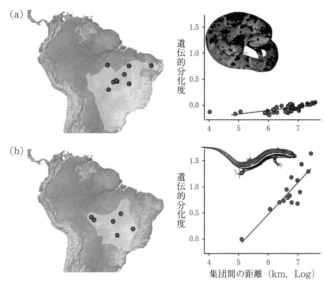

**図7.6　2つの種について見られる地理的距離と遺伝的分化度の相関関係**
種内の集団間の地理的距離に対し，クサリヘビ科の毒ヘビである *Bothrops moojeni*
(a) は個体群間の遺伝的分化が小さいのに対し，ブラジル固有のトカゲの仲間 *Mi-
crablepharus atticolus* (b) は個体群間の遺伝的分化が大きい．地図は各分類群の地
理的範囲をサンプリング地点とともに示したものである．Singhal *et al.* (2022) を改
変．

提であった（**図7.6**）．近年の報告では，鳥類では従来の仮説通り地
理的分断と種分化率の間に正の相関が検出された（Harvey *et al.*,
2017）．しかし一方では，異論の存在する問いとなっている．南米
のサバンナに生息する多様なトカゲとヘビの種を用いて，この仮説
を検証した研究によると，種分化率に対して，個体群の地理的な孤
立の影響は見られなかった（**図7.7**; Singhal *et al.*, 2022）．この結
果もまた，種分化サイクルにおける他のプロセスのほうが，種分化
率の変動に対してより重要であることを示唆している．

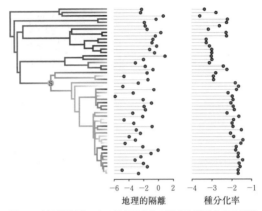

**図7.7 地理的隔離による遺伝的分化の速度と種分化率の相関**

爬虫類の系統関係（左）に対して，種内の地理的隔離の程度と，系統内における各種の種分化率をプロットしたもの．Singhal *et al.* (2022) を改変．

　上記のように従来の定説を否定する事実は，どのように解釈できるだろうか？　種分化メカニズムと種多様性の統合的理解へ絶大な効果が期待された大規模データ解析が，むしろ新たな理解を要するパターンを検出することで，種分化研究におけるコンセプト不足を研究者に突きつけている．生殖隔離の進化に代表されるミクロ進化プロセスが種分化サイクルの速度に対する制限要因でないならば，生態学が重要な役割を果たすだろうと言及する研究は少なくない．しかし，実際にどの生態学的プロセスが「いつ」「どの程度」重要であり，かつ結果として種多様性パターンが「どのように」変化するか，具体的に明らかにしている研究はほとんどないのが現状である．複雑に相互作用するメカニズムが織りなす種の起源の一端を解明するために，さまざまな数理モデルが引き続き貢献していくことに期待したい．

# 引用文献

Barton, N. H., Hewitt, G. M. (1989) Adaptation, speciation and hybrid zones. *Nature*, **341**, pp.497–503.

Bengtsson, B. O. (1985) The flow of genes through a genetic barrier. In: *Evolution: essays in honour of John Maynard Smith.* (eds. Greenwood, J, J., Harvey, P. H., Slatkin, M.), pp.31–42.

Berlocher, S. H., Feder, J. L. (2002) Sympatric speciation in phytophagous insects: moving beyond controversy? *Annual Review of Entomology*, **47**, pp.773–815.

Brideau, N. J., Flores, H. A., Wang, J., Maheshwari, S., Wang, X. U., Barbash, D. A. (2006) Two Dobzhansky-Muller genes interact to cause hybrid lethality in Drosophila. *Science*, **314**, pp.1292–1295.

Buggs, R. J. A. (2007) Empirical study of hybrid zone movement. *Heredity*, **99**, pp.301–312.

Cain, J. (ed) (2007) *Regular Contact With Anyone Interested. Documents of the Society for the Study of Speciation. 2nd edition.* Euston Grove Press, p.103.

Coyne, J. A., Orr, H. A. (1997) "Patterns of speciation in Drosophila" revisited. *Evolution*, **51**, pp.295–303.

Coyne, J. A., Orr, H. A. (2004) *Speciation.* Sinauer.

Darwin, C. (1859) *On the origin of species.* John Murray.

Dettman, J. R., Sirjusingh, C., Kohn, L. M., Anderson, J. B. (2007) Incipient speciation by divergent adaptation and antagonistic epistasis in yeast. *Nature*, **447**, pp.585–588.

Diamond, J. M. (1966) Zoological classification system of a primitive people. *Science*, **151**, pp.1102–1104.

Diamond, J. M., Gilpin, M. E., Mayr, E. (1976) Species-distance relation for birds of the Solomon Archipelago, and the paradox of the great speciators. *Proceedings of the National Academy of Sciences of the United States of America*, **73**, pp.2160-2164.

Dobzhansky, T. (1937) *Genetics and the Origin of Species*. Columbia University Press.

Dobzhansky, T. (1970) *Genetics of the Evolutionary Process*. Columbia University Press.

Dopman, E. B., Robbins, P. S., Seaman, A. (2010) Components of reproductive isolation between North American pheromone strains of the European corn borer. *Evolution*, **64**, pp.881-902.

Emerson, B. C., Kolm, N (2005) Species diversity can drive speciation. *Nature*, **434**, pp.1015-1017.

Fisher, R. A. (1930) *The Genetical Theory of Natural Selection*. Clarendon Press.

Flaxman, S. M., Wacholder, A. C., Feder, J. L., Nosil, P. (2014) Theoretical models of the influence of genomic architecture on the dynamics of speciation. *Molecular Ecology*, **23**, pp.4074-4088.

Funk, D. J., Nosil, P. (2008) Comparative analyses of ecological speciation. In: *Specialization, speciation, and radiation*: *The evolutionary biology of herbivorous insects*. (ed. Tilmon, K.). University of California Press.

Gavrilets, S. (2003) Perspective: models of speciation: what have we learned in 40 years? *Evolution*, **57**, pp.2197-2215.

Gillespie, R. G. (2016) Island time and the interplay between ecology and evolution in species diversification. *Evolutionary Applications*, **9**, pp.53-73.

Gould, N. E. S. J., Eldredge, N. (1972) Punctuated equilibria: an alternative to phyletic gradualism. *Essential readings in evolutionary biology*, 82-115.

Grant, P. R., Grant, B. R. (2008) *How and Why Species Multiply*: *the Radiation of Darwin's Finches*. Princeton University Press. (巌佐庸 監訳, 山口諒 訳, 2017, 『なぜ・どうして種の数は増えるのか―ガラパゴ

スのダーウィンフィンチ―』，共立出版)

Haldane, J. B. S. (1922) Sex ratio and unisexual sterility in hybrid animals. *Journal of Genetics*, **12**, pp.101-109

Harvey, M. G., Seeholzer, G. F., Smith, B. T., Rabosky, D. L., Cuervo, A. M., Brumfield, R. T. (2017) Positive association between population genetic differentiation and speciation rates in New World birds. *Proceedings of the National Academy of Sciences*, **114**, pp.6328-6333.

Hewitson, W. C. (1863) *Illustrations of New Species of Exotic Butterflies Selected Chiefly from the Collections of W. Wilson and William C. Hewitson; Volume III*. [4]:[2], pl.[1], figs.2-5. John van Voorst.

Irwin, D. E., Alcaide, M., Delmore, K. E., Irwin, J. H., Owens, G. L. (2016) Recurrent selection explains parallel evolution of genomic regions of high relative but low absolute differentiation in a ring species. *Molecular Ecology*, **25**, pp.4488-4507.

Irwin, D. E., Bensch, S., Price, T. D. (2001) Speciation in a ring. *Nature*, **409**, pp.333-337.

Iwasa, Y., Pomiankowski, A., Nee, S. (1991) The evolution of costly mate preferences II. the "handicap" principle. *Evolution*, **45**, pp.1431-1442.

Jetz, W., Thomas, G. H., Joy, J. B., Hartmann, K., Mooers, A. O. (2012) The global diversity of birds in space and time. *Nature*, **491**, pp.444-448.

Katakura, H., Saitoh, S., Aoki, M. (1996) Sexual isolation between three forms of flightless *Chrysolina* leaf beetles (Coleoptera: Chrysomelidae) parapatrically distributed in the vicinity of Sapporo, Hokkaido, northern Japan. *Genes & Genetic Systems*, **71**, pp.139-144.

Kimura, M. (1962) On the probability of fixation of mutant genes in a population. *Genetics*, **47**, p.713.

Kimura, M., Ohta, T. (1969) The average number of generations until fixation of a mutant gene in a finite population. *Genetics*, **61**, p.763.

Lande, R. (1979) Effective deme sizes during long-term evolution estimated from rates of chromosomal rearrangement. *Evolution*, **33**, pp.234-251.

Lowry, D. B., Modliszewski, J. L., Wright, K. M., Wu, C. A., Willis,

136

J. H. (2008) The strength and genetic basis of reproductive isolating barriers in flowering plants. *Philosophical Transactions of the Royal Society B: Biological Sciences*, **363**, pp.3009-3021.

Lukhtanov, V. A., Kandul, N. P., Plotkin, J. B., Dantchenko, A. V., Haig, D., Pierce, N. E. (2005) Reinforcement of pre-zygotic isolation and karyotype evolution in Agrodiaetus butterflies. *Nature*, **436**, pp.385-389.

Lynch, M., Hill, W. G. (1986) Phenotypic evolution by neutral mutation. *Evolution*, **40**, pp.915-935.

MacArthur, R., Levins, R. (1967) The limiting similarity, convergence, and divergence of coexisting species. *The American Naturalist*, **101**, pp.377-385.

MacArthur, R., Wilson, E. O. (1967) *The Theory of Island Biogeography*. Princeton University Press.

MacPherson, A., Wang, S., Yamaguchi, R., Rieseberg, L. H., Otto, S. P. (2022) Parental population range expansion before secondary contact promotes heterosis. *The American Naturalist*, **200**, pp.E1-E15.

Mallet, J. (2005) Hybridization as an invasion of the genome. *Trends in Ecology & Evolution*, **20**, pp.229-237.

Mallet, J. (2007) Hybrid speciation. *Nature*, **446**, pp.279-283.

Mallet, J., Barton, N. (1989) Inference from clines stabilized by frequency-dependent selection. *Genetics*, **122**, pp.967-976.

Martin, N. H., Willis, J. H. (2007) Ecological divergence associated with mating system causes nearly complete reproductive isolation between sympatric *Mimulus* species. *Evolution*, **61**, pp.68-82.

Matsuki, Y., Isagi, Y., Suyama, Y. (2007) The determination of multiple microsatellite genotypes and DNA sequences from a single pollen grain. *Molecular Ecology Resources*, **7**, pp.194-198.

Matute, D. R., Coyne, J. A. (2010) Intrinsic reproductive isolation between two sister species of Drosophila. *Evolution*, **64**, pp.903-920.

Mavárez, J., Salazar, C. A., Bermingham, E., Salcedo, C., Jiggins, C. D., Linares, M. (2006) Speciation by hybridization in Heliconius butterflies. *Nature*, **441**, pp.868–871.

Mayr, E. (1942) *Systematics and the Origin of Species*. Columbia University Press.

Mayr, E., Diamond, J. (2001) *The Birds of Northern Melanesia: Speciation, Ecology, and Biogeography*. Oxford University Press.

McMillan, W. O., Jiggins, C. D., Mallet, J. (1997) What initiates speciation in passion-vine butterflies? *Proceedings of the National Academy of Sciences*, **94**, pp.8628–8633.

Merrell, D. J. (1994) *The Adaptive Seascape: the Mechanism of Evolution*. University of Minnesota Press.

Mizuta, Y., Harushima, Y., Kurata, N. (2010) Rice pollen hybrid incompatibility caused by reciprocal gene loss of duplicated genes. *Proceedings of the National Academy of Sciences*, **107**, pp.20417–20422.

Muller, H. J. (1942) Isolating mechanisms, evolution and temperature. *Biology Symposium*, **6**, pp.71–125.

Nagel, L., Schluter, D. (1998) Body size, natural selection, and speciation in sticklebacks. *Evolution*, **52**, pp.209–218.

Nolte, A. W., Tautz, D. (2010) Understanding the onset of hybrid speciation. *Trends in Genetics*, **26**, pp.54–58.

Nosil, P., Feder, J. L., Flaxman, S. M., Gompert, Z. (2017) Tipping points in the dynamics of speciation. *Nature Ecology & Evolution*, **1**, 0001.

O'Grady, P. M., Lapoint, R. T., Bonacum, J., Lasola, J., Owen, E., *et al.* (2011) Phylogenetic and ecological relationships of the Hawaiian Drosophila inferred by mitochondrial DNA analysis. *Molecular Phylogenetics and Evolution*, **58**, pp.244–256.

Ono, J., Gerstein, A. C., Otto, S. P. (2017) Widespread genetic incompatibilities between first-step mutations during parallel adaptation of Saccharomyces cerevisiae to a common environment. *PLoS biology*, **15**, e1002591.

Paterson, H. E. H. (1985) The recognition concept of species. In: *Species and Speciation*. (ed: Vrba, E. S.) Transvaal Museum, Pretoria, pp.21–29.

Price, T. D., Bouvier, M. M. (2002) The evolution of F1 postzygotic incompatibilities in birds. *Evolution*, **56**, pp.2083-2089.

Price, T. D., Hooper, D. M., Buchanan, C. D., Johansson, U. S., Tietze, D. T., *et al.* (2014) Niche filling slows the diversification of Himalayan songbirds. *Nature*, **509**, pp.222-225.

Price, J. P., Clague, D. A. (2002) How old is the Hawaiian biota? Geology and phylogeny suggest recent divergence. *Proceedings of the Royal Society B. Biological Science*, **269**, pp.2429-2435.

Rabosky, D. L. (2016) Reproductive isolation and the causes of speciation rate variation in nature. *Biological Journal of the Linnean Society*, **118**, pp.13-25.

Rabosky, D. L., Chang, J., Title, P. O., Cowman, P. F., Sallan, L., *et al.* (2018) An inverse latitudinal gradient in speciation rate for marine fishes. *Nature*, **559**, pp.392-395.

Rabosky, D. L., Matute, D. R. (2013) Macroevolutionary speciation rates are decoupled from the evolution of intrinsic reproductive isolation in Drosophila and birds. *Proceedings of the National Academy of Sciences*, **110**, pp.15354-15359.

Riesch, R., Muschick, M., Lindtke. D., Villoutreix, R., Comeault, A. A., *et al.* (2017) Transitions between phases of genomic differentiation during stick-insect speciation. *Nature Ecology & Evolution*, **1**, 0082.

Rieseberg, L. H., Raymond, O., Rosenthal, D. M., Lai, Z., Livingstone, K., *et al.* (2003) Major ecological transitions in wild sunflowers facilitated by hybridization. *Science*, **301**, pp.1211-1216.

Rosenblum, E. B., Sarver, B. A., Brown, J. W., Des Roches, S., Hardwick, K. M., *et al.* (2012) Goldilocks meets Santa Rosalia: an ephemeral speciation model explains patterns of diversification across time scales. *Evolutionary Biology*, **39**, pp.255-261.

Rossi, M., Hausmann, A. E., Thurman, T. J., Montgomery, S. H., Papa, R., *et al.* (2020) Visual mate preference evolution during butterfly speciation is linked to neural processing genes. *Nature Communications*, **11**, pp.1-10.

Rundle, H. D., Whitlock, M. C. (2001) A genetic interpretation of ecologically dependent isolation. *Evolution*, **55**, pp.198-201

Saitoh, S., Miyai, S. I., Katakura, H. (2008) Geographical variation and diversification in the flightless leaf beetles of the *Chrysolina* angusticollis species complex (Chrysomelidae, Coleoptera)in northern Japan. *Biological Journal of the Linnean Society*, **93**, pp.557-578.

Schluter, D. (1993) Adaptive radiation in sticklebacks: size, shape, and habitat use efficiency. *Ecology*, **74**, pp.699-709.

Schluter, D. (1995) Adaptive radiation in sticklebacks: trade-offs in feeding performance and growth. *Ecology*, **76**, pp.82-90.

Schumer, M., Rosenthal, G. G., Andolfatto, P. (2014) How common is homoploid hybrid speciation? *Evolution*, **68**, pp.1553-1560.

Scordato, E. S., Wilkins, M. R., Semenov, G., Rubtsov, A. S., Kane, N. C., Safran, R. J. (2017) Genomic variation across two barn swallow hybrid zones reveals traits associated with divergence in sympatry and allopatry. *Molecular Ecology*, **26**, pp.5676-5691.

Seehausen, O. (2006) Conservation: losing biodiversity by reverse speciation. *Current Biology*, **16**, pp.R334-R337.

Seeholzer, G. F., Brumfield, R. T. (2023) Speciation-by-Extinction. *Systematic Biology*, syad049.

Shaw, K. L., Gillespie, R. G. (2016) Comparative phylogeography of oceanic archipelagos: hotspots for inferences of evolutionary process. *Proceedings of the National Academy of Sciences*, **113**, pp.7986-7993.

Simpson, G. G. (1951) The species concept. *Evolution*, **5**, pp.285-298.

Simpson, G. G. (1953) *The Major Features of Evolution*. Columbia University Press.

Simpson, G. G. (1984) *Tempo and mode in evolution*. Columbia University Press.

Singhal, S., Colli, G. R., Grundler, M. R., Costa, G. C., Prates, I., Rabosky, D. L. (2022) No link between population isolation and speciation rate in squamate reptiles. *Proceedings of the National Academy of Sciences*, **119**, e2113388119.

140

Slatkin, M. (1980) Ecological character displacement. *Ecology*, **61**, pp.163–177.

Smith, S. A., Brown, J. W. (2018) Constructing a broadly inclusive seed plant phylogeny. *American Journal of Botany*, **105**, pp.302–314.

Vane-Wright, R.I., de Jong, R. (2003) The butterflies of Sulawesi: annotated checklist for a critical island fauna. *Zoologische Verhandelingen*, **343**, pp.3–267.

Vitt, L. J., Caldwell, J. P. (2013) *Herpetology: An Introductory Biology of Amphibians and Reptiles*. Academic Press.

Wallace, A. R. (1869) *The Malay Archipelago: the Land of the Orang-utan and the Bird of Paradise; A Narrative of Travel, with Studies of Man and Nature*. Cambridge University Press.

Westram, A. M., Stankowski, S., Surendranadh, P., Barton, N. (2022) What is reproductive isolation? *Journal of Evolutionary Biology*, **35**, pp.1143–1164.

Wood, T. E., Takebayashi, N., Barker, M. S., Mayrose, I., Greenspoon, P. B., Rieseberg, L. H. (2009) The frequency of polyploid speciation in vascular plants. *Proceedings of the National Academy of Sciences*, **106**, pp.13875–13879.

Woodruff, D. S. (2010) Biogeography and conservation in Southeast Asia: how 2.7 million years of repeated environmental fluctuations affect today's patterns and the future of the remaining refugial-phase biodiversity. *Biodiversity and Conservation*, **19**, pp.919–941.

Wright, S. (1932) The roles of mutation, inbreeding, crossbreeding, and selection in evolution. *Proceedings of the VI International Congress of Genetics*, **1**, pp.356–366.

Yamaguchi, R. (2022) Intermediate dispersal hypothesis of species diversity: New insights. *Ecological Research*, **37**, pp.301–315.

Yamaguchi, R., Iwasa, Y. (2013a) First passage time to allopatric speciation. *Interface Focus*, **3**, 20130026.

Yamaguchi, R., Iwasa, Y. (2013b) Reproductive character displacement by the evolution of female mate choice. *Evolutionary Ecology Research*,

**15**, pp.25-41.

Yamaguchi, R., Iwasa, Y. (2017) A tipping point in parapatric speciation. *Journal of Theoreticl Biology*, **421**, pp.81-92.

Yamaguchi, R., Iwasa, Y., Tachiki, Y. (2021) Recurrent speciation rates on islands decline with species number. *Proceedings of the Royal Society B. Biological Sciences*, **288**, 20210255.

Yamaguchi, R., Otto, S. P. (2020) Insights from Fisher's geometric model on the likelihood of speciation under different histories of environmental change. *Evolution*, **74**, pp.1603-1619.

Yamaguchi, R., Suefuji, S., Odagiri, K. I., Yata, O. (2016) The endemic Sulawesi amathusiine *Faunis menado* Hewitson (Lepidoptera, Nymphalidae)is divisible into two morphospecies. *Lepidoptera Science*, **67**, pp.12-21.

Yamaguchi, R., Suefuji, S., Odagiri, K. I., Peggie, D., Yata, O. (2018) A color pattern difference in the fifth instar larva of two subspecies of Faunis menado Hewitson (Lepidoptera, Nymphalidae). *Lepidoptera Science*, **69**, pp.67-73.

Yamaguchi, R., Wiley, B., Otto, S. P. (2022) The phoenix hypothesis of speciation. *Proceedings of the Royal Society B, Biological Sciences*, **289**, 20221186.

Yamaguchi, R., Yamanaka, T., Liebhold, A. M. (2019) Consequences of hybridization during invasion on establishment success. *Theoretical Ecology*, **12**, pp.197-205.

カール・ジンマー，ダグラス・J・エムレン 著，更科功，石川牧子，国友良樹 訳 (2016)『カラー図解進化の教科書［第1巻］―進化の歴史―（ブルーバックス）』，講談社.

齋藤諭 (2010) 日本産オオヨモギハムシ種群の形態の地理的変異について．甲虫ニュース，**170**, pp.1-11.

チャールズ・ダーウィン 著，八杉龍一 訳 (1990)『種の起原（上・下）［改版］』，岩波書店.

中村聡，中島春紫，伊藤政博，道久則之，八波利恵 (2019)『新版 ビギナーのための微生物実験ラボガイド』，講談社.

松林圭 (2018)『種概念. 動物学の百科事典』, 丸善出版, pp.12-15.

松林圭 (2019) "種" のちがいを量る. 日本生態学会誌, **69**, pp.171-182.

山口諒 (2019) 種分化ダイナミクスと数理モデル:生殖隔離進化の促進要因を探る. 日本生態学会誌, **69**, pp.151-169.

山口諒, 松林圭 (2019) 種の境界:進化学と生態学, 分子遺伝学から種分化に迫る:序論と趣旨説明. 日本生態学会誌, **69**, pp.145-149.

綿貫栞 (2021) ハワイ諸島形成史に基づくショウジョウバエ亜科の種分化パターン解析. 東京都立大学, 学位論文, 修士 (理学), pp.1-55.

## あとがき

　本書のおわりに，これまで何度も登場したダーウィンの『種の起源』の一節をもう 1 つ紹介したい.

　　さて，種の起源という問題であるが...（中略）...私は自分にできるかぎりの慎重な研究および冷静な判断の結果，大多数の博物学者が受容し私も以前には受容していた見解，すなわちおのおのの種は個々に創造されたものだという見解はまちがっているということに，疑いをいだくことはできなくなっている. 私は種が不変のものではないこと，同じ属のものとよばれているいくつかの種はある他の，一般にはすでに絶滅した種に由来する子孫であり，それはある一つの種の変種と認められているものがその種の子孫であるのと同様であることを，完全に確信している.

　　　　　　──チャールズ・ダーウィン，八杉龍一訳『種の起原』

ダーウィン自身が創造論ではなく進化論をもとにした種の議論に辿り着いてから現在まで，種分化の研究には長い歴史がある.

　実をいうと，私は研究を始めたばかりのころ，種分化が歴史ある重要なテーマだとは知らなかった. 日本の学会や身のまわりの研究者に，種分化を研究している人がほとんどいなかったので，むしろ人気のないテーマとすら思っていた. しかし，修士課程 1 年の時に参加した国際学会，欧米合同進化学会 (1st Joint Congress on Evolutionary Biology) で衝撃を受けたことを思い出す. 5 日間ほ

どある日程全体にわたって種分化の発表セッションがあり，議論が白熱していたのだ．日本とうって変わって，種分化は一大人気テーマである．調べてみると，現在も続くアメリカ進化学会 (SSE: Society for the Study of Evolution) は 1946 年に設立されているが，その前身はアメリカ種分化学会 (SSS: Society for the Study of Speciation) だという．SSS は 1939〜1942 年にかけて活動するも，第二次世界大戦の影響もあり活動を停止している．1941 年時点では，374 名の会員がいたそうだ (Cain, 2007)．このような歴史ある分野の中で，自身の理論をどのように展開し，未来の種分化研究を刺激できるか想像すると，とてもワクワクする．

　この本は，その大部分が筆者の研究に基づいている．これまでの研究生活を振り返って，多くの方々に支えられてきたことを改めて感じるとともに，研究環境にとても恵まれていたと思う．種分化の数理モデル，特に島の上での遺伝的距離を扱うモデルについては，巌佐庸教授の研究室にいた大学院時代に取り組んだものである．研究の議論をかわしてくれた，当時の数理生物学研究室の先輩・後輩に感謝したい．チョウの分類学的研究については，九州大学総合研究博物館の矢田脩名誉教授の研究室に出入りさせていただいた．学部生の時から博士取得まで，正規の所属ではない私を，退官後にもかかわらずこころよく受け入れてくださった．進化遺伝学や分子系統樹については，博士研究員として滞在した東京都立大学の田村浩一郎教授から学んだ．実際のデータを扱えるような役に立つ数理モデルの大切さを教えていただいた．

　幸運なことに 2020 年 4 月からは，中岡慎治准教授率いる北海道大学理学部生物科学科の数理生物学研究室に加わることができた．日本でも数少ない数理生物学の名を冠する研究室で，学生とともに新たな研究にチャレンジできることは大きな喜びである．そして，

新型コロナウイルス感染症の流行が続くさなか，2022年2月から
は，種分化研究のメッカであるブリティッシュコロンビア大学で研
究する機会に恵まれた．本書にも登場したSarah P. Otto教授は受
入研究者であり，適応度地形理論を中心とした共同研究につながっ
た．研究を進めるにあたって，どのようなテーマが魅力的で意義が
あるか，種分化研究の歴史に照らし合わせて考えることの重要性に
気づかせてくれた．北米の生き物を題材に種分化を研究するDolph
Schluter教授やDarren Irwin教授の研究室セミナーに毎週参加で
きたことは，学生の頃に戻ったような贅沢な時間だった．手法は異
なっても，種分化や生物多様性の起源を理解したいという信念をも
った海外の研究者との交流は，私の研究方針に大きく影響を与えて
いる．

　本書では，種分化とその周辺で重要な理論やコンセプトを広く
扱ったつもりである．私自身がかかわった仕事を中心に，友人や
知り合いたちのものも多く採用した．もし誤った記述があるとす
れば，すべて私の責任である．一方，生き物ごとに詳しく研究され
ている事例についてはほとんど触れなかった．世界ではたくさん
の種分化研究がおこなわれており，生物の多様な生きざまやその
進化的起源が紐解かれていることは，読者のみなさまにも忘れず
伝えておきたい．本書で触れた私自身の仕事は，以下の人々との
議論や共同研究によるものである（アルファベット順および50音
順，敬称略）．Ross D. Booton, Dylan Z. Childs, Sergey Gavrilets,
Blanca Huertas, Darren Irwin, Andrew M. Liebhold, Ailene
MacPherson, James A. R. Marshall, Matthew Osmond, Sarah P.
Otto, Djunijanti Peggie, Loren Rieseberg, Dolph Schluter, Ken
A. Thompson, Richard I. Vane-Wright, Silu Wang, 青木大輔, 巌
佐庸, 岩見真吾, 小田切顕一, 京極大助, 末藤清一, 立木佑弥, 田

村浩一郎，中原亨，松林圭，矢田脩，山中武彦．また，これらの仕事をまとめるにあたって，非常に多くの方々から日頃よりアドバイスを受けてきた．スペースの都合で，すべてのお名前を挙げることができないが，ここに感謝の意を示したい．

　本書を執筆するにあたって，多くの方々にご協力いただいた．東京都立大学で学生として共同研究に携わってくれた綿貫栞さんの成果は，第7章で登場したハワイのショウジョウバエと分子系統樹として紹介した．また，同大学所属の田千佳さんは，ハムシやチョウのイラストを描いて，本書の視覚的なわかりやすさを大きく引き上げてくれた．北九州市立いのちのたび博物館の中原亨博士は，鳥類の和名や原稿の表現についてアドバイスをくれた．そして何より，本書の完成にあたっては，巌佐庸先生（九州大学），共立出版の山内千尋さんに大変お世話になった．種分化に関する翻訳書である『なぜ・どうして種の数は増えるのか—ガラパゴスのダーウィンフィンチ—』(2017) の出版後に執筆の依頼を受けてから長い月日が過ぎてしまったが，忍耐強く待ってくださった．

　最後に，一番はじめの原稿を丁寧に読んでくれた妻の知枝に感謝したい．そのサポートなしには，カナダでの2年間の研究生活は叶わなかった．そして，本書が種分化の入門書でありながら専門的な内容をたくさん含んでいることを承知の上で，両親と祖父母の手元に届くことを願ってやまない．わからないところがあれば，いつでも解説しに行きたいと思う．

## 種分化—生物進化に残された最大の難問に迫る—

コーディネーター　巌佐　庸

　生物の種は，無から生まれることはない．すでにいる種から，新しい生息地への移住，環境の改変，複数種の交雑，などを経て，新しい種が作り出される．それが種分化（種形成）である．本書は，種分化の過程について現代の生物学でどのような考え方がなされているかを説明するとともに，著者自身の理論的な研究をわかりやすく説明したものである．

　生物の進化に関する生物学では，いま自然界で見られる現生生物の間の類縁関係をもとに，それらがどのような歴史を辿ってきたかを知る．以前には，進化というテーマは，さまざまな生物のことを幅広く知った権威者が，長年の経験を総合して自らの見解を語るおもむきがあり，若手研究者が手を出すのは危ないとさえいわれた．近年になってすっかり様変わりし，生物の遺伝子の塩基配列，つまりゲノム情報のおかげで，とても精緻な推定ができるようになった．ことに生物グループの類縁関係や分岐年代など進化史イベントの推定については，公開されたデータベースを用いて，アルゴリズムで系統樹を描き，推定の確度を示す数値がついた結果が得られるデータ科学になった．根拠を知りたければ誰でも確かめることができる．他方で，生物の集団が環境変化などによってどう進化するかを知る方法も確立してきた．また，新しい突然変異が現れ消滅したり広がったりする経緯を調べるには，確率過程に基づく数理モデルがふんだんに用いられる．進化学は，生物学・生命科学の中で，数

理的アプローチが最もよく浸透した分野の1つになった.

　そのような現代の進化生物学において，最もわかっていないことがらの1つが，新しい種はどのようにできるのか，つまり種分化のプロセスである．さまざまな可能性が提案されており，どのシナリオももっともらしく，特定の状況でどれが特に重要かを知ることが難しい.

　本書の著者の山口諒さんは，もともとチョウの好きな生物学の学生だった．大学院生の時に種分化の数理的研究に取り組み，重要な成果を挙げた．現在では，北海道大学で教鞭をとり，カナダのブリティッシュコロンビア大学で共同研究を続け，日本生態学会や日本数理生物学会，個体群生態学会などの研究奨励賞を受けた気鋭の若手研究者である.

　本書では最初に，種とは何かが具体的な生物の例を挙げて説明され（第1章），別種間の交雑や遺伝子交流を抑えるための生殖隔離メカニズムが述べられる（第2章）．第3章から第6章まででは，著者自身のオリジナルな研究成果がわかりやすく紹介されている．たとえば同種の集団が，異なる島に生育していると，それらの間で異なる突然変異が蓄積し，互いの間の遺伝的な距離は広がっていく．嵐で吹き飛ばされたり丸太に乗ってやってきたりで，ごく稀に移住が起きると，交雑が起きて遺伝的な距離は縮まる．近い島の間では移住が始終起こり，別の種になることは難しい．移住が稀だと，その間に遺伝距離（遺伝的距離）が離れて，2集団の間で交雑ができなくなってしまう．すると「別種」になったと判定される．その後に次の移住が起きると，それはもともとその島にあった集団とは交配せず，2つの種が1つの島に共存することになる.

　中間的な移住率の時，このような簡単なシステムでもどんどんと新しい種を作り出すことができることを山口さんは示した（第6

章）．この簡単なモデルから，種分化の起きる速度が，その生物の移住率や島の間の距離，嵐などの事象の頻度などに依存することがわかる．

遺伝距離とともに交配が起きにくくなる場合を考えてみる．2つの生息地にいる集団を考えると，それらの間の遺伝距離が離れると2つの島の集団間では交配が成立しにくくなる．距離がある程度の値以下だと頻繁によく混ざり2集団の性質はなかなか離れていかないのに対して，距離がその値を超えると，性質が急速に分化してしまう．これら2状況の境目に復帰不能点（転換点，tipping point）が存在する（第3章）．ナナフシの地域集団のペアを比べて近い順に並べ，遺伝的距離（もしくは形質の違い）を縦軸にとると，ある順位以下では小さく，それを超えると急に大きくなる，というジャンプを示す．この観測パターンは，モデルの予測に対応するものである（図3.9）．

酵母など微生物を用いると，多数の世代がかかる進化も実験的に研究できる．第4章ではそれによってわかったメカニズムと対応する形での数理モデルの研究が報告される．第5章では別種が分布する境目において，交雑帯が作られ，生物の適応進化もはたらいて隔離が進む場合と混ざってしまう場合があることが論じられる．

移住が生じた時に，2つの集団の距離をどの程度縮めるかは，侵入した個体数とすでに島にいる集団の個体数との比率による．島にいる集団が大きいと，侵入個体の割合は小さく，移住が起きてもそれほど距離を縮めることはない．島にいる種が次々と種分化し，種数が増えると，それぞれの種の個体数は小さくなる．他の島からの1回の移住がもたらすインパクトは大きくなる．移住によって元の集団との距離は伸びにくくなる結果，島の種数が大きくなると，種分化のプロセスが停止する（第6章）．

　なるほど，そういうこともありそうだとは思うが，山口諒さん以前にこのようなプロセスの可能性をきちんと議論した人はいなかったようだ．これは数理モデルを作ることにより，どういう仮定のもとで何が生じるかが紛れなく明らかになるという，理論研究のパワーを示すものだ．

　以上では，少数の島に生育する集団をもとに，突然変異の蓄積と稀に生じる移住によってどんどんと種が作り出されるというシナリオにフォーカスを当ててきた．第6章においては，生物が地理的に分布していて，地域ごとに少しずつ違っているものの別種とまでは判定できない時に，中間の集団が絶滅することで両端の集団の交流がなくなり，別種へと進化していくというシナリオが紹介される．これについては，将来の数理的考察の展開に期待したい．


　ある地域に生育する共通の生活形をもつ一群の生物種の多様性には，はっきりしたパターンが見られる．たとえば，樹木の種数は熱帯多雨林ではとても多いが，温帯，寒帯となるにつれ減少する．これは冬という季節には樹木は活動ができないために，冬が長いほど種数が減るといえる．年中暖かい熱帯の中でも，熱帯多雨林のように1年のほとんどの月で100mm以上の雨が降る場所では樹高も高く種数が多いのに対して，雨の降らない乾季があるタイのような熱帯季節林は種数が少なくなり，乾季が長くなるとさらに減少し，最後はサバンナになる．

　種数は一定環境では多くなり，冬や乾季が入る季節変動があると減少するということなのかとも思える．しかしそれはうまくいかない．熱帯の高地を考えると1年中ほぼ一定の温度であるが，種数は多くない．熱帯多雨林では，低地の種数が多く，高度が上がるにつれて減少する（ただし，低地林が乾燥する場所ではむしろ高地林で

種数が多いこともある）.

　熱帯高地で樹木の種数が少ないことは，気候変動のあるなしではなく，単純に生育できている樹木の総個体数が少ないからではないかとも思える．熱帯低地は互いにつながっていて全体に生育する樹木個体数はかなりになるのに対して，高地の場所の樹木総個体数は少ないだろう．

　北米の各州の樹木種数を見ると，夏に雨が多い南東部で種数が多く，地中海性であるカリフォルニアや乾燥する中西部は少なく，寒帯であるカナダやアラスカでは樹木の種数はとても少なくなる．これも種数が個体数によって決まる例だ．また，草花の花から蜜を吸い花粉を食べて生育するハナバチを考えると，餌である花の花粉や蜜の供給量の多い乾燥地域で，ハナバチの個体数も多く，種数も多いらしい．熱帯多雨林ではハナバチの個体数は少なく，種数も少ない．海洋生物では，水深の浅い場所では生産力が高く種類が多いが，深海では生物個体数が少なく種数も少ない．

　こう考えると，かなり単純に聞こえるものの，「個体数の多い場所に種数が多い」とまとめられるのではないか，とも思える．

　さて種の多様性のパターンを理解するため，種数を決めるメカニズムから考えてみると，大きく分けて3つの説明がある．

　第1は，資源利用を分けることで（もしくは捕食者や病原体が種ごとに異なることによって）共存できるとの考えである．

　生態学では，性質が同じである種は互いに競争関係にあるために，いずれかが勝って種の数は減ることに注目する．すべて樹木だとしても，ある種は窒素が多い土壌を好み，別の種にはリンの豊かな土壌が必要かもしれない．開花の季節が少しずれていて別の昆虫に受粉を助けてもらっているのかもしれない．同じ樹木であっても異なる生活をしていて，その結果競争が強くならずに共存している

のではないか．昆虫食の鳥を考えると，ある種は大きな昆虫を専門に狙い，別の種は細い嘴をもって小さな昆虫を狙うとすると，競争が避けられるかもしれない．つまり，同じ地域で似た生活をする種の数が多いことは，異なる種の間で重要な形質が互いに重ならないようになっていて，「棲み分け」するので共存できるのだと考える．野外で行動や形態，生理，餌や棲家など，どこに重要な違いがあるのかを探し出そうとする．樹木ならば葉のついている高さとか，葉の形，枝ぶりなど，さらには，花の咲く時期，花粉を媒介する昆虫，種子の散布，など，調べればどこかに違いがあるはずだ．種の間の違いを見つけると，これらの生活の違いが共存をもたらしているのだろう，と推論する．しかし，それが共存をもたらしているほど十分に離れているのかどうかを確かめるのは本当は大変なことだ．

　何らかの理由で共存している種の間では，互いに生活の仕方をシフトして重ならないようにする現象があり，形質置換という．たとえば，ほぼ同じサイズで同じ環境の島でも昆虫食の鳥が1種だけ生息する島では，鳥は，大小さまざまなサイズの昆虫を食べる．ところが2つの異なる種が同じ島に生息すると，片方はより大きな昆虫を中心に狙い，他方は小さな昆虫を狙うというふうに餌のサイズを分けるのだ．共存した場合に，資源利用が重ならないように行動を変えるということと，資源利用が重ならないから2種が共存していると考えるのは，全く違った議論だ．

　生態学者が，野外で苦労して調べた種の間の違いこそ，それらの共存の基本だと主張したくなるのは，とても共感できる．しかし生物多様性理解の重要性を考えると，それを維持する基本プロセスについて，他の可能性も客観的に検討をする必要がある．

　第2の説明として，むしろ競争能力に種の間で違いが少ない時の

ほうが，共存する種数が増えるのではないか，という考えがある.

　種の間で生存率や出産率などによる競争能力にはっきりした違い
があると，一部の種が勝って他を排除する. しかし，競争能力がほ
とんど変わらないとすると，このような競争排除は起きにくくて多
数が共存してしまう. つまり，全く同一の生活をしている種が多数
あったとしても，それらの中で1つだけを除いて残りすべて滅ぶは
ずとはいえなくなる. 議論をはっきりさせるため，非常に多数の個
体，たとえば樹木が，場所を占めていると考えてみよう. この時そ
れらの個体は多数の異なる種に属しているとしよう. ランダムに1
個体が倒れて，その後を他の個体の種子からの子供が埋めるという
過程を考えてみる. その場合に，生き残りやすいとか種子を多量に
作るといった増殖率の意味で他を圧倒する種がいると，早晩それが
全部を占めてしまうだろう. しかし多数の種の間で，互いにほとん
ど競争能力に違いがないとするとどうだろうか.

　Box 4 の図は，1つの集団の中に2個の対立遺伝子があり，同等
の競争能力をもつ場合のダイナミクスを示している. それらが同等
であっても，次の世代でコピー数はいまの世代とは違ってくる. そ
れはサンプリングによる確率性のためだ. 長い世代数が経つと最終
的には1つだけが残る. しかしそれまでの時間は，集団サイズに比
例して長くなる.

　対立遺伝子数が2つではなくもっと多数，たとえば500あり，個
体数が100,000 といった場合を想定してみるとよい. 対立遺伝子で
はなく別の種で，競争能力に差がないとしてみよう. これは「中立
群集モデル」といわれるものである. 個体数が多いと種数が減少し
ていく速度はとても遅くなる. もし種分化で新しい種がゆっくりで
も供給されるなら，それとバランスして群集全体の種数が一定の値
に収束する.

絶滅する速度を計算すると，世代あたりでは，（現在の種数）の2乗を（総個体数）で割ったものに等しい，という単純な公式が導かれる [1]．ということは，そこに生育する個体の数が多ければ，種の絶滅速度は遅くなるのだ．種分化による新しい種の供給とこの簡単な絶滅公式とのバランスで決まる種数は，総個体数が多いほど大きい．

総個体数の多い生物グループは種数が大きな値に進化するという議論は，単純ではあるが検討してみる価値がある．

第3に，種分化速度が大きい生物グループは種数も多くなるだろうという考えがある．

第6章で議論されたように，中間的な移住率をもつ種が種分化を頻繁に引き起こす．マネシツグミとダーウィンフィンチとの比較はその実例となっているが，もっと広い範囲の生物群でも現れるのではないか？　たとえば昆虫の中でも甲虫は特に種数が多い．植物だとキク科は種数が多い．これらの移動分散力が，種分化が頻繁に生じる適切な範囲に入ったからだという仮説は検証してみる価値があるだろう．

ただし，環境の厳しい高緯度域では魚類の種分化率は高いが，絶滅も起きやすいために種数は多くない（山口，私信）．だから種分化速度が必ずしも種数の多さにつながらない場合もある．

哺乳類・爬虫類・両生類などについて，地球全体で種数を統計解析した結果がある [2]．さまざまな気候ごとでの種数を調べ，温度や降水量などの「気候条件要因」の効果をまず抽出する．それは熱帯多雨林のように暖かく雨が多いところで生産性が高く，種数が多くなるということだ．それを取り除いた残差について説明する効果としては，その気候を示す地域の広さや形に関する「地理的要因」が大きい．その第1は，気候帯の面積が大きいほど種数が大きいと

いうこと．第2は，同じ気候帯はいくつかのフラグメントに分かれているが，それらの間の平均距離の効果である．フラグメント間の距離が短すぎても長すぎても種数は小さく，中間的な距離の時に最大になるという．これは，「中間的な移住率で，種分化速度が最大になる」という山口諒さんの種分化理論の予測とあっているようだ．また同じ気候をもつ地域の面積の効果は，総個体数の効果を示しているようにも見える．

　これらの効果は，全体として種数の90％を説明できる．その中で気候条件そのものの効果は驚くほど少なく，地理的効果（面積とフラグメント化の効果）がその2倍程度，両者の交互作用はさらに大きな説明力をもつという [2]．

　さて，ある地域に生育し似た生活をする一群の種の数を，総個体数の大小によって説明しようとする時に，その説明とは明らかに反する観測結果がある．湖や河川の淡水魚など水棲生物では，貧栄養の水域のほうが，富栄養の水域よりも種数が多いことだ．つまり富栄養の場所では，生産力があり確かに多数の個体がいるけれども，種数は貧弱なのだ．

　これはどう考えればよいのだろうか．私は，富栄養の水域が広がったのは，人間がリンや窒素の肥料を域外から肥料として持ち込んで農地に撒き，水域に流れ込んだからではないかと思っている．するとそのような富栄養な水域が急激に増えたのは，進化史的にはかなり最近の，ここ数百年のことなのではないか．それらの水域の生物が進化した状況では，地球上の大部分の水域が貧栄養であって，そこに適応した種がほとんどだとするとどうだろう．人間の影響が強くなる以前は，地球上に貧栄養の水域が圧倒的に多く，総個体数でも貧栄養環境に生息する生物個体が多かったとすれば，貧栄養環

境に適応進化した種の数が多くなる．現在，貧栄養環境より富栄養
環境で種数が少ないのは，そのためかもしれない．

　これが本当ならば，いまの状況が続いて，あと数百万年ほど経れ
ば，富栄養水域に適応した種が増えて，貧栄養水域よりも種数が多
くなるのかもしれない．

　先に述べたように，気候や生活形，分類群により，生物の種数は
明確なパターンを示す．それが成立している理由を理解すること
は，ゲノム情報や分子細胞生物学，フィールド生態学を含むさまざ
まな生物学の進歩によって，ようやく可能になってきた．毎年多く
の種が，絶滅で失われつつあるいま，種の多様性の基盤を明らかに
することは，現代生物学に課せられた課題ではないか．

　そのためには，いろいろな可能性をきちんと考えてみることが
必要だ．本書で，著者の山口諒さんが種分化に関して示されたよう
に，ありうる仮説を一つひとつ確かめ，理論的にそのアイデアは成
り立つのか，それはどういう条件の時なのか，を調べること，そし
てその予測を，野外の生態学研究，多くの生物種や地域集団のゲノ
ムの解析によって確かめていくことが必要だ．

### 引用文献

[1] Halley, J. M., Iwasa, Y. (2011) Neutral theory as a predictor of avifaunal extinctions after habitat loss. *PNAS*, **108**, 2316-2321.

[2] Coelho, M. T. P., *et al.* (2023) The geography of climate and the global patterns of species diversity. *Nature*, **62**, 537-544.

# 索　引

158

著　者

山口　諒 （やまぐち りょう）

2017 年　九州大学大学院システム生命科学府一貫制博士課程修了

現　　在　北海道大学大学院先端生命科学研究院先端融合科学研究部門 助教,
　　　　　博士（理学）

専　　門　数理生物学, 生態学, 進化生物学


コーディネーター

巌佐　庸 （いわさ よう）

1980 年　京都大学大学院理学研究科博士課程修了

現　　在　九州大学名誉教授, 理学博士

専　　門　数理生物学

共立スマートセレクション 42
*Kyoritsu Smart Selection 42*

**新たな種はどのようにできるのか？**
　―生物多様性の起源をもとめて―

*How Do New Species Arise?:*
*In Search of the Origins of*
*Biodiversity*

2024 年 3 月 30 日　初版 1 刷発行

著　者　山口　諒　　© 2024
コーディ
ネーター　巌佐　庸

発行者　南條光章

発行所　**共立出版株式会社**
郵便番号　112-0006
東京都文京区小日向 4-6-19
電話　03-3947-2511 （代表）
振替口座　00110-2-57035
www.kyoritsu-pub.co.jp

印　刷　大日本法令印刷
製　本　加藤製本

一般社団法人
自然科学書協会
会員

検印廃止

NDC 467.5, 468.3

ISBN 978-4-320-00942-4

Printed in Japan

# 共立スマートセレクション

各巻：B6判
1760円〜2310円（税込）

生物学・生物科学／生活科学／環境科学 編